美味主妇菜

MEI WEI ZHU FU CAI

中国人口出版社
China Population Publishing House
全国百佳出版单位

图书在版编目（CIP）数据

美味主妇菜 / 美味厨房编写组编著. –– 北京：中国人口出版社, 2015.10

（美味厨房系列丛书）

ISBN 978-7-5101-3496-8

Ⅰ. ①美… Ⅱ. ①美… Ⅲ. ①菜谱 Ⅳ.①TS972.12

中国版本图书馆CIP数据核字(2015)第144323号

美味主妇菜

美味厨房编写组编著

出版发行	中国人口出版社
印　　刷	山东海蓝印刷有限公司
开　　本	710 毫米 × 1000 毫米
印　　张	14
字　　数	180 千字
版　　次	2015 年 10 月第 1 版
印　　次	2015 年 10 月第 1 次印刷
书　　号	ISBN 978-7-5101-3496-8
定　　价	29.80 元

社　　长	张晓琳
网　　址	www.rkcbs.net
电子邮箱	rkcbs@126.com
电　　话	（010）83534662
传　　真	北京市西城区广安门南大街 80 号中加大厦
邮　　编	100054

PREFACE

中国素有"烹饪王国"的美誉，饮食文化丰富多彩、博大精深。从高档宴席到街边小吃，从上海的生煎包到青藏的酥油茶，从北京的烤鸭到云南的米线，从风干牛肉到家常馅饼……无不散发着独特的魅力。来自五湖四海的食材和调味品，通过精妙的技艺，变成一道道叫人垂涎欲滴的美食，为亿万人的味蕾增添了满满的幸福感。如今，人们对于"吃"的期待已不仅仅是简单的味觉感受，更是对品味的追求、精神的享受和情感的传递。每一道美食都有着独特的文化背景，都蕴含着浓厚的文化底蕴，它能触动人们的味蕾，更能触动人们的心灵，透过美食，我们能够看到一个充满阳光的世界。

每个人对美食都有着不同的感受和领悟，人们会把生活中的酸甜苦辣融入对美食的理解，使美食不仅成为人生感悟的分享者，更成为情感的传递者。在制作和享受美食的过程中，快乐会逐渐放大，感染身边的每一个人；而痛苦会逐渐消散，变得无影无踪。味蕾的绽放，会让人的心灵更加温暖。所以，如果自己动手烧制出一桌精美的菜肴，无论是家人围坐一起，还是招待三五成群的朋友，都会既真诚动人又温暖美好。人与人之间的情感会在锅碗瓢盆的碰撞中升温，会在品尝菜肴、称赞烧菜手艺或是闲话家常中凝聚……

所以，为了让大家既能享受到美味，又不失自己动手的乐趣，我们特别策划了这场精彩的味觉盛宴。这里的每一道烹饪技艺都是用真诚的内心描绘的，每一张菜品图片都是用最真的情感拍摄的，希望您感受到的不仅仅是油、盐、酱、醋的琐碎，更有对我们所传递的饮食文化理念的理

解和饮食智慧的感悟。"言有尽而味无穷"，"吃"是学问、是智慧，更是幸福。我们希望本书不仅能够让您的烹饪技术不断进步，而且能让您更多地感受到美食的魅力，同时也能把对美食的热爱融合到生活中，永远热情饱满、激情自信地面对生活，成为热爱美食、热爱生活的快乐的人！

这本《美味主妇菜》是专门为主妇打造的一本菜谱，菜式家常、易学易做、品种丰富、营养均衡。既有营养蔬菜、美味肉类、鲜香鱼虾，又有幸福小菜、健康汤煲，煎炒烹炸拌等做法样样俱全，无论是招待亲朋还是平常家宴，无论是做给长辈还是烛光晚餐……即使您不懂厨艺，也不会再为如何搭配食材及兼顾家中每人的营养需要而发愁了，在本书的帮助下，一定会让你好好地大展身手，为自家的餐桌添上一道道美味佳肴。

编者

2015 年 1 月

1 Part1 清炒蔬菜，健康全家

2 Part2
有滋有味，香而不腻

3 Part3 吃鱼剥虾，味美全家

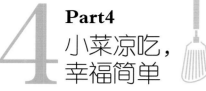

Part4
小菜凉吃，幸福简单

5

Part5
健康"煲"场
—"汤"俱全

清炒蔬菜，
健康全家

Part
1

扒双菜

[原料]

大白菜根、油菜各250克

[调料]

植物油50克，酱油、盐、葱姜末、白糖、水淀粉、汤各适量

[制作方法]

1. 白菜根顺切成0.7厘米宽、1.3厘米长的片。油菜去根，切成条。

2. 用开水先把白菜、油菜煮熟，捞出过凉水，沥去水分。

3. 炒勺放油烧热，下葱姜末炝锅，加酱油、盐、白糖、汤，把双菜轻轻推到勺里，烧开后勾芡，翻炒即可。

白菜焖油豆泡

[原料]

大白菜200克，油豆泡100克

[调料]

葱花、花椒粉、蒜末、盐、鸡精、植物油各适量

[制作方法]

1. 大白菜择洗干净，切片；油豆泡洗净，切开。

2. 炒锅置火上，倒入适量植物油，待油温烧至七成热时放入葱花和花椒粉炒香，倒入白菜和油豆泡翻炒至白菜熟透，用盐、蒜末和鸡精调味即可。

圆白菜炒百合

[原料]

圆白菜500克，百合30克

[调料]

酱油、盐、姜、葱、花生油各适量

[制作方法]

1. 百合洗净，用清水浸泡一夜，沥干水分。圆白菜洗净，切3厘米见方的片。姜切片，葱切段。

2. 炒锅置武火上烧热，加入花生油油烧至六成热，下入姜、葱爆香，随即下入百合、圆白菜，加盐、酱油炒熟即可。

粉蒸菜卷

[原料]

圆白菜200克，肉馅100克，虾、香菇各50克，糯米100克

[调料]

料酒、盐、葱丝、姜丝各适量

[制作方法]

1. 圆白菜叶入沸水中焯软，捞出。香菇洗净，泡发，切丝。虾去壳，去虾线。肉馅中加料酒、盐拌匀。

2. 糯米泡涨，晾干后用擀面杖擀压，即可成生米粉。锅置火上烧热，下入生米粉炒至发黄出锅。

3. 菜叶放入肉馅、虾仁、香菇丝、葱姜丝卷成卷，再裹上米粉，放入蒸锅中大火蒸30分钟即可。

甘蓝粉丝

[原料]

绿甘蓝450克、粉丝50克、火腿25克

[调料]

色拉油、盐、酱油、葱、姜、香油各适量

[制作方法]

1. 将粉丝用清水泡至没有硬心，捞出切成长段。绿甘蓝、火腿均切成细丝备用。

2. 净锅上火，倒入色拉油烧热，下葱、姜爆香，放入甘蓝丝煸炒至八成熟，调入酱油、盐，下入粉丝、火腿丝炒至成熟，淋香油，即可。

木耳圆白菜

[原料]

水发木耳25克、圆白菜250克

[调料]

葱花、花椒粉、盐、植物油各适量

[制作方法]

1. 木耳择洗干净，撕片；圆白菜择洗干净，撕片。

2. 炒锅置火上，倒入适量植物油，待油温烧至七成热时放入葱花和花椒粉炒香，倒入木耳和圆白菜片翻炒5分钟，用盐调味即可。

爆炒圆白菜

[原料]

圆白菜300克

[调料]

白砂糖、醋、盐、色拉油各适量

[制作方法]

1. 将圆白菜洗净，切成3厘米见方的菱形片。

2. 净锅上火，加入色拉油，烧至六成热，下入圆白菜、精盐、白砂糖，快速翻炒至圆白菜断生，再加醋炒匀，起锅装盘即可。

菠菜炒鸡蛋

[原料]

菠菜300克，鸡蛋2个

[调料]

盐、花生油各适量

[制作方法]

1. 将菠菜择洗干净，切碎。鸡蛋磕入碗内，加少许盐，打散成蛋糊，下油锅炒熟盛出。

2. 菠菜炒熟，加入炒好的鸡蛋拌匀，加盐调味，盛出即可。

雪花菠菜

[原料]

菠菜150克

[调料]

淀粉、面粉、熟猪油、白酒、白糖
各适量

[制作方法]

1. 淀粉、面粉、白酒、水调成糨
   糊。菠菜叶洗净，挂糊。
2. 锅入油烧热，将挂糊的菠菜叶逐
   片放入油中，炸至呈银白色，捞
   出装盘，撒白糖即可。

蛋煎菠菜

[原料]

菠菜150克，鸡蛋4个

[调料]

食用油、盐各适量

[制作方法]

1. 菠菜洗净，焯水，冲凉，沥干水
   分，切段。
2. 将鸡蛋打散，加盐调味，放入菠
   菜段，拌匀。
3. 锅入油烧热，倒入菠菜蛋液，煎
   至两面金黄熟透，装盘即可。

芹菜炒枸杞

[原料]

芹菜200克，枸杞10克

[调料]

葱姜末、盐、淀粉、花生油各适量

[制作方法]

1. 枸杞洗净，入沸水中焯一下。

2. 芹菜择去根、叶，洗净，切段，入沸水中焯一下，捞出控干。

3. 炒勺加油烧热，下芹菜煸炒5分钟，放入枸杞、葱姜末、盐翻炒几下，出锅即可。

银芽韭菜

[原料]

绿豆芽500克，韭菜100克

[调料]

植物油、姜丝、盐各适量

[制作方法]

1. 绿豆芽去根，洗净。

2. 韭菜择好，洗净，切成段。

3. 炒锅放旺火上，倒入植物油烧热，放姜末、盐煸炒8分钟，放入绿豆芽，翻炒至熟，加入韭菜炒几下即可。

虾皮炒韭菜

[原料]

虾皮50克，韭菜300克

[调料]

葱丝、姜丝、色拉油、醋、盐各适量

[制作方法]

1. 韭菜洗净，切成长段。

2. 锅内放油加热至五成热，放入葱丝、姜丝炒香，倒入虾皮炒至色泽转深度变酥，捞出沥油，再放入韭菜，调入盐煸炒至韭菜断生，色泽翠绿，倒入虾皮，淋上醋，出锅装盘即可。

木樨韭菜

[原料]

韭菜200克，鸡蛋4个，水发木耳40克

[调料]

胡椒粉、食用油、盐各适量

[制作方法]

1. 韭菜洗净，切小段。木耳撕小朵。鸡蛋打碗中，搅散。

2. 将韭菜段、木耳放入蛋液中，加盐调味。

3. 锅中加油烧热，倒入韭菜蛋液，快速翻炒至鸡蛋凝固，撒上胡椒粉，出锅装盘即可。

柿子椒炒黄瓜

[原料]

柿子椒50克，黄瓜250克

[调料]

葱花、盐、植物油各适量

[制作方法]

1. 柿子椒洗净，去蒂，除子，切片；黄瓜洗净，去蒂，切片。

2. 炒锅置火上，倒入适量植物油，待油温烧至六成热时放入葱花炒香，倒入柿子椒片和黄瓜片翻炒3分钟，用盐调味即可。

木耳炒黄瓜

[原料]

黄瓜450克，水发黑木耳100克

[调料]

植物油、盐、葱花、生姜末各适量

[制作方法]

1. 将黄瓜去蒂，洗净，切成片。水发木耳撕小朵。

2. 将炒锅置火上，放入适量油烧热，先放入葱花、生姜末稍炒，再放入黄瓜、水发黑木耳迅速翻炒，加盐调味，炒熟即可。

鱼香番茄

[原料]

番茄250克，鸡蛋清100克

[调料]

葱、姜、蒜、淀粉、植物油、酱油、料酒、醋、盐、白糖各适量

[制作方法]

1. 番茄切片，去子（留用）。鸡蛋清加淀粉拌匀，做成糊，待用。
2. 锅入油烧热，改小火，将番茄挂上糊，入油锅炸至定型，捞出。
3. 取一小碗，调入酱油、料酒、醋、盐、白糖，再倒入番茄籽，搅匀，即可成鱼香汁。
4. 锅入油烧热，放入葱、姜、蒜煸出香味，倒入调好的鱼香汁、水淀粉煸炒，浇在番茄上即可。

番茄炒鸡蛋

[原料]

番茄200克，鸡蛋50克

[调料]

植物油、盐各适量

[制作方法]

1. 将番茄洗净，去皮，切成块。鸡蛋打入碗里，用筷子打匀，放少许盐。
2. 炒锅入油烧热，放入鸡蛋炒至将熟，起锅盛碗。
3. 另起油锅，下番茄煸炒，加盐炒匀，再放入鸡蛋略炒即可。

番茄炒肉片

[原料]
猪里脊、番茄各200克，菜豆角50克

[调料]
菜油、葱姜蒜末、盐、汤各适量

[制作方法]
1. 猪肉切薄片，番茄切块。菜豆角去筋，洗净，切段。
2. 炒锅放油，上火烧至七成热，下肉片、葱姜蒜末煸炒，待肉片发白时下番茄、豆角、盐略炒，加汤，稍焖煮5分钟即可。

番茄双花

[原料]
菜花、西兰花各400克，番茄200克

[调料]
番茄酱、白糖、盐、大葱花、植物油、香葱粒各适量

[制作方法]
1. 菜花、西兰花切成小朵，洗净。番茄洗净，切成小丁。锅中放入适量水，大火烧沸，放入菜花和西兰花焯一下，捞出沥干。
2. 锅入油烧至六成热，将大葱花放入爆香，随后放入番茄酱翻炒5分钟，调入少许清水，大火烧沸，将菜花、西兰花和番茄放入锅中，调入盐和白糖炒匀，待汤汁收稠后装盘，撒香葱粒即可。

什锦番茄烧

[原料]

番茄200克，白萝卜、水发香菇各100克

[调料]

香油、醋、白糖、盐、葱花、花生油各适量

[制作方法]

1. 白萝卜去皮，洗净，切成方块，再切梳子花刀。水发香菇洗净，顶刀切十字花刀。

2. 将番茄洗净，切成小块。

3. 锅入适量花生油烧热，放入葱花炒出香味，倒入白萝卜块、香菇翻炒均匀，再倒入番茄块，调入盐、白糖调味，烹醋，淋香油炒匀即可。

软熘番茄

[原料]

番茄200克，鸡蛋2个

[调料]

水淀粉、面粉、干淀粉、香油、植物油、醋、白糖、盐各适量

[制作方法]

1. 鸡蛋、面粉、干淀粉、盐、清水调成厚糊。番茄洗净，切瓣，均匀地裹上一层面粉，挂上厚糊。

2. 锅入油烧热，放入番茄炸至结壳。复炸至金黄色，捞出。

3. 锅留余油，将番茄的瓤汁倒入锅中烧沸，加入白糖、醋、清水烧沸，淋入水淀粉，至卤汁稠浓，番茄块倒入锅中，淋香油即可。

冬瓜炒蒜苗

[原料]

冬瓜300克，蒜苗100克，植物油50克

[调料]

盐、水淀粉、植物油各适量

[制作方法]

1. 将蒜苗洗净，切成2厘米长的段。冬瓜去皮、瓤，洗净，切成条状。

2. 锅入油烧热，加入蒜苗略炒，再放冬瓜条，待炒熟后加盐调味，用淀粉调汁勾芡，起锅装盘即可。

三色冬瓜丝

[原料]

冬瓜250克，胡萝卜150克，绿尖椒50克

[调料]

盐、色拉油、水淀粉各适量

[制作方法]

1. 冬瓜、胡萝卜、绿尖椒切成丝，用温油稍炸，捞起，再用沸水焯一下，捞出沥水。

2. 锅内放油烧热，下冬瓜丝、胡萝卜丝和尖椒丝翻炒，加盐调味，用水淀粉勾芡即可。

罗汉冬瓜

[原料]

冬瓜350克，莲子、百合冬菇各20克，珍珠笋粒、芹菜粒、豆腐粒各1汤匙

[调料]

素上汤、姜片、盐、花生油各适量

[制作方法]

1. 冬瓜去皮，切粒；莲子、百合洗净，浸软，隔水蒸熟；冬菇浸软，洗净，切粒。
2. 锅入油烧热，爆香姜片，加入素上汤煮滚，放入全部原料，大火滚10分钟，加盐调味即可。

虾仁烩冬瓜

[原料]

虾100克，冬瓜300克

[调料]

香油、盐各适量

[制作方法]

1. 将虾去壳，剔除虾线，洗净，沥干水分，放入碗内。冬瓜洗净，去皮、瓤，切成小骨牌块。
2. 虾仁随冷水入锅，煮至酥烂时加冬瓜，同煮至冬瓜熟，加盐调味，盛入汤碗，淋上香油即可。

苦瓜肉片

[原料]
猪里脊250克，苦瓜200克

[调料]
花生油、盐、白糖、香油各适量

[制作方法]
1. 猪里脊洗净，切片；苦瓜去瓤，洗净，切片备用。
2. 净锅置火上，倒入花生油烧热，下入肉片炒熟，放入苦瓜稍炒，调入盐、白糖炒至成熟，淋入香油即可。

肉丝炒苦瓜

[原料]
苦瓜300克，猪里脊50克，红绿小辣椒20克

[调料]
盐、酱油、食醋、姜丝、水淀粉、花生油各适量

[制作方法]
1. 苦瓜去瓤后洗净，切丝。红绿小辣椒去籽，洗净，切丝。
2. 将猪里脊洗净，切成细丝，用水淀粉、盐拌匀，下八成热油锅中滑油，捞出。
3. 锅内再加少许油，放入小辣椒、苦瓜煸炒5分钟，加入盐，将滑好的肉丝倒入锅内翻炒，再加入姜丝、食醋、酱油调味即可。

酿苦瓜

[原料]

苦瓜200克，猪肉馅250克

[调料]

调料A(葱末、蒜末、米酒、香油、酱油)、调料B(红辣椒末、豆豉、色拉油、白糖)、淀粉、盐各适量

[制作方法]

1. 苦瓜洗净，去子，切成圆柱状，用适量盐、淀粉涂抹均匀。
2. 猪肉馅与调料A搅拌均匀，摔打成有黏性的肉馅。
3. 将肉馅酿入苦瓜圈中，排入刷好油的盘中，再加入调味料B，用强微波加热15分钟即可。

炸胡萝卜片

[原料]

胡萝卜300克

[调料]

面粉、淀粉、鸡蛋、植物油、盐各适量

[制作方法]

1. 胡萝卜洗净，去皮，切成圆片。将胡萝卜片加盐入味。
2. 将鸡蛋打入碗中，加淀粉、面粉、水调成鸡蛋糊。
3. 锅中加植物油烧至七成热，将胡萝卜片逐片裹蘸上鸡蛋糊，放入油锅中炸熟，捞起控油，摆放盘中即可。

油吃胡萝卜

[原料]

胡萝卜500克，黄瓜丁5克

[调料]

姜末、鲜汤、香油、醋、白糖、盐
各适量

[制作方法]

1. 胡萝卜洗净，去皮，切成滚刀
   块。
2. 锅入油烧热，将胡萝卜入锅中炸
   至有一层硬皮，捞出，沥油。
3. 另起锅入醋、白糖、盐、鲜汤、
   姜末，放入胡萝卜，转文火烧至
   汁稠味厚，放入黄瓜丁翻炒，淋
   入香油即可。

排骨烧萝卜

[原料]

排骨300克，白萝卜100克

[调料]

葱花、排骨酱、植物油、料酒、
醋、白糖、盐各适量

[制作方法]

1. 排骨洗净，切成段，入沸水中焯
   烫，捞出，沥干水分。白萝卜洗
   净，去皮，改刀成菱块。
2. 锅入油烧热，下入排骨酱煸香，
   加入白萝卜块炒软，倒入清水，
   下入排骨块，用白糖、醋、料酒
   调味，熟后原汤浸泡24小时。
3. 将白萝卜块捞出，用原汤勾芡，
   撒葱花即可。

辣炒萝卜干

[原料]

萝卜干300克，梅菜100克

[调料]

葱末、蒜末、红辣椒末、香油、酱油、白糖、盐各适量

[制作方法]

1. 萝卜干泡水，洗净，捞出沥干，切条。梅菜切末。

2. 锅入油烧热，放入红辣椒末、蒜末，倒入萝卜干、梅菜、葱末，调入白糖、酱油调味，淋入香油炒香即可。

炒萝卜

[原料]

红萝卜、白萝卜各100克，冬笋、黄瓜、洋葱、胡萝卜各25克

[调料]

植物油、鲜汤、盐、白糖、水淀粉、醋、鸡蛋清、芝麻油各适量

[制作方法]

1. 黄瓜洗净，切条。洋葱、冬笋、胡萝卜洗净，切小片。红萝卜、白萝卜去皮，切片，下沸水锅烫透，捞出过凉。

2. 起油锅烧热，洋葱片、萝卜片、冬笋片、黄瓜条放入碗中，加鸡蛋清、淀粉挂糊，倒入锅中煸炒，加醋、白糖、鲜汤、盐，用水淀粉勾芡，淋芝麻油即可。

青椒土豆条

[原料]

土豆500克，鸡蛋1个，青柿椒50克

[调料]

葱丝、姜丝、蒜片、植物油、清汤、淀粉、盐各适量

[制作方法]

1. 土豆洗净，去皮，切成方条。青柿椒洗净，去子，切成长条。鸡蛋打散，加淀粉调成糊，将土豆条放入蛋糊中裹匀。

2. 锅入油烧热，逐条放入抓糊的土豆条，炸透，捞出，沥油。

3. 另起锅入油，倒入蒜片、葱丝、姜丝、青椒条翻炒，倒入清汤、盐烧开，用水淀粉勾芡，放入炸好的土豆条翻炒，淋香油即可。

干炒土豆条

[原料]

土豆300克

[调料]

葱花、姜丝、花椒、干辣椒、生抽、孜然粉、辣椒粉、盐各适量

[制作方法]

1. 锅入油烧至六成热，放入土豆条，炸至外皮焦脆，捞出。

2. 炒锅中留少许油烧热，放辣椒粉、孜然粉、干辣椒、花椒，文火炸出香味，再放入姜丝爆香，倒入炸好的土豆条，调入盐、生抽，旺火煸干水分，撒入葱花，装盘即可。

德式煎土豆片

[原料]

土豆500克

[调料]

黄油、胡椒粉、盐各适量

[制作方法]

1. 土豆洗净，去皮，切成3毫米厚的大片，备用。

2. 锅入黄油烧热，放入土豆片，煎至两面呈浅黄色熟透，用盐、胡椒粉调味，装盘即可食用。

芹菜土豆条

[原料]

芹菜300克，土豆100克

[调料]

葱丝、姜丝、干辣椒丝、鲜汤、酱油、花椒油、植物油、盐各适量

[制作方法]

1. 芹菜择洗净，去筋，切成寸段。土豆去皮，切条，洗净。

2. 锅入油烧热，加葱丝、姜丝、干辣椒丝炒香，倒入土豆条，烹入酱油、鲜汤烧至土豆条软熟，再放入芹菜炒透，用盐调味，淋入花椒油，出锅即可。

芹菜炒藕片

[原料]
鲜芹菜、鲜藕各150克

[调料]
花生油、姜丝、盐各适量

[制作方法]
1. 芹菜洗净，切斜段。鲜藕刮皮，切片。
2. 锅内放花生油烧热，入姜丝爆锅，再将芹菜、藕片倒入，翻炒5分钟，放入盐调味即可。

养血藕片

[原料]
当归、黄芪各15克，何首乌10克，鲜藕片120克

[调料]
葱、姜、盐、香油、花生油各适量

[制作方法]
1. 当归、黄芪、何首乌洗净，加水共煎得滤汁40毫升。
2. 葱花、姜末入热油中炝锅，加藕片翻炒，加药汁及清水，略煮至藕片熟，加入盐调味，淋香油即可。

翡翠莲藕片

原料

莲藕200克，青椒50克，芸豆25克

调料

姜片、盐、水淀粉、胡椒粉、香油、猪油各适量

制作方法

1. 莲藕削成片，泡在清水中。

2. 青椒去子，洗净，改刀成菱形片。芸豆泡发后煮熟备用。

3. 炒锅上火，放猪油烧热，下姜片炝锅，加入莲藕片，炒至断生后放青椒、芸豆再炒，待青椒变暗绿色时调入盐、水淀粉，翻炒匀，淋入香油，装盘，撒上胡椒粉即可。

香炒藕片

原料

嫩莲藕300克，野山椒100克

调料

姜末、花椒油、植物油、醋、白糖、盐各适量

制作方法

1. 莲藕去皮，洗净，切成片，放入清水浸泡，捞出，沥干水分。

2. 锅入清水，加入盐、植物油烧开，放入藕片焯熟，捞出，沥干水分，备用。野山椒剁碎。

3. 锅入油烧热，放入姜末、野山椒碎炒香，下入藕片，加盐、白糖、醋调味，淋入花椒油炒匀即可。

铁锅风干藕

[原料]

莲藕350克，鲜五花肉片150克，洋葱丝50克

[调料]

姜末、蒜末、老卤水、酱油、胡椒粉、色拉油各适量

[制作方法]

1. 藕洗净，放入老卤水中卤至入味切片，放通风的位置风干。

2. 鲜五花肉洗净，切成方块。

3. 锅入油烧热，将洋葱丝煸香，入铁锅中垫底，再将鲜五花肉块放入锅中煸香，倒入酱油、胡椒粉、姜末烹至入味，倒入藕片，再撒入蒜末，将小铁锅带火上桌即可。

咸酥藕片

[原料]

藕段350克

[调料]

葱花、面粉、椒盐、芝麻、南乳汁、色拉油各适量

[制作方法]

1. 藕段洗净去皮，切成藕片，加南乳汁调匀，腌渍10分钟，拍上面粉。

2. 锅内加油烧热，放入藕片炸熟，捞出沥油，备用。

3. 锅留少许油烧热，加入葱花、椒盐、芝麻略炒，倒入炸好的藕片翻炒均匀，出锅即可。

草决明烧茄子

原料

茄子500克，草决明30克

调料

蒜片、葱末、盐、料酒、鸡汤、淀粉、豆油各适量

制作方法

1. 草决明捣碎，加适量水，煎30分钟左右后捞去药渣，浓缩至药液剩2茶匙。茄子洗净，切成片。

2. 豆油放入铁锅内烧热，放入茄子片炸至两面发黄，捞出控油。

3. 铁锅留30克底油烧热，放入蒜片炝锅，下入茄片、葱、姜、盐、料酒、鸡汤和用草决明药汁调匀的淀粉，翻炒5分钟后淋明油，出锅即可。

香煎茄片

原料

茄子300克，虾仁20克，鸡蛋2个青辣椒粒、红辣椒粒各10克

制作方法

葱末、姜末、蒜末、胡椒粉、淀粉、高汤、植物油、生抽、白糖、盐各适量

制作方法

1. 茄子洗净，切片，用盐腌入味，拍上淀粉，裹上蛋黄液。锅入油烧热，放入茄子片炸黄捞出。

2. 锅留油烧热，入姜末、葱末、蒜末炒香，倒入青椒粒、红椒粒、虾仁、茄子片，入盐、胡椒粉、生抽、白糖、高汤烧入味。淀粉勾芡，放入青蒜段炒匀即可。

珍珠菜花

[原料]

菜花400克、罐装玉米粒200克

[调料]

盐、水淀粉、芝麻油、花生油、素汤各适量

[制作方法]

1. 菜花择洗干净，掰成小朵，放入开水中烫至八成熟时捞出，沥去水分。

2. 炒锅置火上，注入花生油烧热，放入菜花煸炒，加盐，放入玉米、素汤，烧至汁浓时，用水淀粉勾芡，淋芝麻油，出锅装入盘中即可。

海米烧菜花

[原料]

菜花300克，水发海米60克

[制作方法]

植物油、料酒、花椒水、盐、白糖、葱、姜、水淀粉各适量

[制作方法]

1. 将菜花掰成小朵，下入六成热油中滑熟，捞出沥油。

2. 锅留底油烧热，用葱、姜炝锅，放入海米煸炒出香味，烹料酒、花椒水，再放入菜花，加盐、白糖，加汤烧至入味，用水淀粉勾芡，淋明油，出锅装盘即可。

番茄菜花

[原料]

菜花300克，番茄150克

[调料]

番茄酱、水淀粉、植物油、醋、白糖、盐各适量

[制作方法]

1. 菜花掰成小块，洗净，入沸水中烫至断生，捞出，沥干水分。
2. 番茄洗净，入沸水中烫至断生，去皮，切成小块。
3. 锅入油烧热，放入番茄炒软，倒入番茄酱炒熟，调入白糖、水、盐、醋调味，再放入菜花烧开，用水淀粉勾芡，出锅即可。

培根小椒菜花

[原料]

菜花250克，培根100克，小红椒50克

[调料]

蒜末、香菜段、甜辣酱、生抽、盐各适量

[制作方法]

1. 菜花洗净，掰成小朵，焯水，备用。培根切片。小红椒切末。
2. 锅入油烧热，放入蒜末、小红椒末炒香，放入菜花，调入盐、生抽、甜辣酱炒匀。
3. 铁板烧热，放入培根煎至出油，再放入菜花翻炒，撒上香菜段，装盘即可。

咖喱菜花

[原料]

菜花300克

[调料]

姜末、咖喱粉、蘑菇精、植物油、盐各适量

[制作方法]

1. 菜花切成小朵，用盐水浸泡，洗净，入沸水中焯水，冷水冲凉，捞出，沥干水分。

2. 锅入油烧热，放入姜末爆香，调入适量咖喱粉炒匀，再倒入少许水，加盐、蘑菇精调味，水淀粉勾芡，最后放入焯过的菜花翻炒3分钟，出锅即可。

山楂淋菜花

[原料]

菜花300克，山楂罐头100克

[调料]

白糖、盐各适量

[制作方法]

1. 菜花洗净，用盐水浸泡10分钟，洗净，切块，入沸水锅中焯烫至熟透，捞出，沥干水分。

2. 菜花块放入盘中摊平，山楂取出放在菜花上，再浇入山楂汁，撒上白糖即可。

锅巴蓝花脆

[原料]

西蓝花200克，锅巴片50克，花生仁10克，豆芽30克

[调料]

胡椒粉、水淀粉、料酒、盐各适量

[制作方法]

1. 西蓝花撕成小朵，洗净，焯水，捞出，沥干水分。
2. 锅入油烧热，放入锅巴片炸至酥脆，呈金黄色，捞出摆盘。
3. 锅留油烧热，烹入料酒，放入西蓝花、豆芽、花生仁，加盐、胡椒粉调味，旺火翻炒均匀，用水淀粉勾芡，浇在炸好的锅巴上即可食用。

木耳炒西蓝花

[原料]

西蓝花300克，水发木耳50克，胡萝卜20克

[调料]

葱花、蒜末、食用油、香油、盐各适量

[制作方法]

1. 西蓝花撕成小朵，洗净，焯水，捞出，沥干水分。木耳洗净，撕小朵，焯水。胡萝卜洗净，切花片。
2. 锅入油烧热，放入葱花、蒜片爆香，放入西蓝花、木耳、胡萝卜片，调入盐，翻炒均匀，淋入香油出锅即可。

Part
2

有滋有味
香而不腻

京酱肉丝

[原料]

猪里脊300克

[调料]

葱丝、植物油、甜面酱、淀粉、酱油、料酒、白糖、盐各适量

[制作方法]

1. 猪里脊洗净，切丝，加入料酒、酱油、淀粉、盐腌10分钟。

2. 热锅入油烧热，放入肉丝快速拌炒，盛出。

3. 锅中余油烧热，加入甜面酱、水、料酒、白糖、酱油、盐炒至黏稠状，加入葱丝、肉丝炒匀，装盘即可。

双耳木须肉

[原料]

银耳、木耳各30克，猪里脊、菠菜各100克，鸡蛋3个

[调料]

葱末、姜末、清汤、植物油、香油、料酒、盐各适量

[制作方法]

1. 银耳泡发，择去根蒂洗净，撕成小方块。鸡蛋打散，炒熟。

2. 猪肉洗净，切片。菠菜洗净，放入沸水中焯水，捞出，切段。

3. 锅入油烧热，倒入肉片、料酒，加入葱末、姜末炒香，放入菠菜段、鸡蛋，加入盐、少许清汤，再放入银耳、木耳翻炒匀，盛入盘中，淋香油即可。

豇豆炒肉

[原料]

豇豆150克，猪里脊100克

[调料]

辣椒末、葱花、蒜末、水淀粉、植物油、香油、红油、料酒、蒸鱼豉油、酱油、盐各适量

[制作方法]

1. 豇豆洗净，切成粒。鲜猪里脊洗净，切成小片，调入盐、酱油、料酒、水淀粉上浆入味。

2. 净锅置旺火上，放入植物油烧热，下入干椒末、蒜末煸香，下入肉片炒散，倒入豇豆粒，放入盐、酱油、蒸鱼豉油炒入味，淋入香油、红油，撒上葱花炒匀，出锅装入盘中即可。

酸辣里脊白菜

[原料]

白菜300克，猪里脊、黑木耳各100克

[调料]

葱段、蒜末、辣椒酱、水淀粉、植物油、醋、料酒、白糖、盐各适量

[制作方法]

1. 白菜洗净，切成长段。黑木耳洗净，撕成片。猪里脊洗净，切片，用盐、水淀粉稍腌。

2. 锅入植物油烧热，放入猪里脊片炒至肉色变白，捞出沥干油。

3. 另起锅入油烧热，放入葱段、蒜末炒香，放入黑木耳片、白菜段炒软，放入猪里脊片，入辣椒酱、料酒、醋、白糖炒匀即可。

鱼香肉丝

[原料]

猪里脊300克，竹笋100克，水发木耳、青椒、红椒、泡椒各20克

[调料]

葱丝、姜丝、高汤、水淀粉、鸡蛋清、植物油、醋、白糖、盐各适量

[制作方法]

1. 竹笋、水发木耳、泡椒、青椒、红椒分别洗净，切丝。猪里脊切成丝，加料酒、盐、鸡蛋清、水淀粉搅匀。锅入油烧热，放入猪里脊丝炒至变白，捞出沥干。

2. 另起锅入油烧热，入葱丝、姜丝、泡椒丝煸香，加盐、醋、高汤、白糖、尖椒丝、笋丝、木耳丝、猪里脊丝炒匀即可。

麻辣里脊片

[原料]

猪肉500克，油菜200克，鸡蛋50克

[调料]

葱末、姜末、芝麻、花椒、豆瓣辣酱、高汤、豌豆淀粉、蛋清、花生油、辣椒油、白糖、盐各适量

[制作方法]

1. 猪肉洗净，切成片。油菜洗净，焯水。锅入油烧热，下入油菜，加入盐炒熟，摆入盘中。

2. 猪肉片用鸡蛋清、豌豆淀粉上浆，过油后捞出。

3. 锅留油烧热，下入葱末、姜末、花椒炒香，加入高汤、猪肉片、豆瓣辣酱、白糖、辣椒油、盐炒熟，撒芝麻即可。

仔姜剁椒嫩肉片

[原料]

猪里脊200克，仔姜片100克，蒜苗
25克

[调料]

剁辣椒、水淀粉、胡椒粉、鲜汤、
植物油、料酒、盐各适量

[制作方法]

1. 猪里脊洗净切片，用盐、水淀粉、
   植物油上浆。蒜苗洗净，切段。
   盐、料酒、胡椒粉、鲜汤、香
   油、水淀粉调成芡汁。

2. 锅入植物油烧热，下入猪里脊片
   滑油，倒入漏勺沥油。

3. 锅中留底油烧热，下仔姜片煸
   香，再放剁辣椒、肉片，倒入对
   好的芡汁，放入蒜苗炒匀即可。

青椒里脊片

[原料]

猪里脊200克，青椒150克，鸡蛋60
克

[调料]

水淀粉、花生油、香油、料酒、盐
各适量

[制作方法]

1. 猪里脊洗净，切片，加入盐、鸡
   蛋清、水淀粉拌匀上浆。

2. 青椒洗净，去蒂、子，切成片。

3. 炒锅入花生油烧热，下入里脊片
   滑熟，捞出沥油。

4. 原锅留油烧热，下入青椒片煸至
   变色，加入料酒、盐、清水烧
   沸，倒入水淀粉勾芡，放入里脊
   片，淋香油，盛入盘中即可。

咕噜肉

原料

猪里脊300克，胡萝卜片、鲜菠萝片各50克

调料

蒜末、番茄酱、胡椒粉、干淀粉、色拉油、香油、米醋、料酒、白糖、盐各适量

制作方法

1. 猪里脊洗净切块，加入盐、白糖腌制，裹匀干淀粉。
2. 锅入油烧热，放入肉块炸呈黄色，捞出。盐、料酒、胡椒粉、香油、米醋、番茄酱调成味汁。
3. 锅留油烧热，炒香蒜末，入胡萝卜片、鲜菠萝片炒匀，调入味汁，淋香油，入肉块炒匀即可。

响铃肉片

原料

猪里脊片、黄瓜片各100克，包好的馄饨250克

调料

葱片、姜片、蒜片、水淀粉、色拉油、酱油、醋、料酒、白糖、盐各适量

制作方法

1. 猪里脊片用盐、水淀粉上浆。
2. 锅入油烧热，下入馄饨炸熟捞出。另起锅入油烧热，再次下入馄饨炸至呈金黄色捞出。
3. 锅入油烧热，放入猪里脊片炒散，入黄瓜片、葱片、姜片、蒜片快炒，烹料酒、酱油、盐、白糖烧开，用水淀粉勾芡，淋入醋炒匀，浇在炸好的馄饨上即可。

酱爆里脊丁

[原料]

猪里脊300克，熟花生仁50克，鸡蛋60克

[调料]

葱花、姜末、黄酱、高汤、水淀粉、植物油、料酒、白糖、盐各适量

[制作方法]

1. 猪里脊洗净，切丁，加盐、料酒、鸡蛋、水淀粉上浆，入五成热油锅中滑散、滑透，捞出沥油。花生仁过油炸酥，沥干。

2. 锅留油烧热，放入葱花、姜末炒香，烹入料酒，下入黄酱、白糖炒出酱香味，加入盐、高汤烧开，放入肉丁、花生仁炒匀，水淀粉勾芡即可。

辣酱麻茸里脊

[原料]

猪里脊150克，香菜50克

[调料]

蒜末、熟黑芝麻、辣酱、水淀粉、蛋清、植物油、香油、红油、盐各适量

[制作方法]

1. 猪里脊洗净，改刀切成薄片，用盐、蛋清、水淀粉上浆，下入五成热油锅中滑油至熟，沥油。

2. 香菜洗净，放入盐、香油、蒜末拌匀，垫在盘底。

3. 锅留少许底油烧热，下入辣酱炒香，随即下入猪里脊片，加入盐、香油、红油炒熟，出锅盖在香菜上，再撒上熟黑芝麻即可。

清煎里脊

[原料]

猪里脊300克

[调料]

姜水、胡椒粉、色拉油、香油、料酒、盐各适量

[制作方法]

1. 猪里脊洗净，顶刀切成片，用刀拍平，把筋斩断，放入碗中，加入料酒、盐、胡椒粉、姜水抓匀。

2. 锅入油烧热，逐片下入猪里脊片，煎至两面呈金黄色，反复煎制两遍，待肉片煎至成熟，取出装入盘中，淋香油即可。

生煎里脊

[原料]

猪里脊400克，鸡蛋清2个

[调料]

花椒、番茄酱、洋葱末、淀粉、色拉油、酱油、料酒、白糖、盐各适量

[制作方法]

1. 猪里脊洗净，切成厚片，加入花椒、淀粉、酱油、料酒、白糖、盐腌制入味，捞出。

2. 腌制好的猪里脊片，均匀地裹上一层蛋清糊，备用。

3. 锅置火上，加入色拉油烧至六成热，将裹匀蛋糊的猪里脊片放入油锅中煎至两面呈金黄色、熟透时，倒入漏勺沥油，改刀成片，装盘。食用时蘸番茄酱即可。

炸芝麻里脊

[原料]

猪里脊200克，芝麻50克，鸡蛋清1个

[调料]

水淀粉、植物油、酱油、料酒、盐
各适量

[制作方法]

1. 猪里脊洗净，切成厚片，再切长
   条，加盐、料酒、酱油腌入味。
2. 取一小碗，放入蛋清、水淀粉，
   搅匀成糊。
3. 锅中放入植物油，用中火烧至五
   成热，将猪里脊逐片挂上蛋糊，
   再滚满芝麻，放入油中炸透捞
   出。待油温升高至九成热时，再
   倒入猪里脊片，复炸至呈金黄色
   时捞出，改刀装盘即可。

黄金肉

[原料]

猪里脊250克，香菜50克，鸡蛋1个

[调料]

葱丝、姜丝、高汤、姜汁、淀粉、
料酒、盐各适量

[制作方法]

1. 猪里脊洗净，切成片。香菜洗
   净，切段。鸡蛋打匀成鸡蛋液。
2. 将猪里脊片加入盐、料酒、鸡蛋
   液略腌，加入淀粉上浆。将高
   汤、料酒、盐、姜汁调成汁。
3. 锅入油烧热，放入浆好的肉片，
   煎至两面呈金黄色，放入葱丝、
   姜丝翻炒一下，再顺锅边倒入调
   味汁，略煮10分钟，出锅放上
   香菜段即可。

茯苓肉片

[原料]

猪里脊200克，茯苓、豆腐各60克，菊花瓣20克，熟黑芝麻10克

[调料]

水淀粉、色拉油、料酒、盐各适量

[制作方法]

1. 猪里脊洗净，切成片，加入盐、料酒、水淀粉抓匀上浆。豆腐洗净，切成小块。茯苓洗净，控干。

2. 锅中加入清水，放入茯苓、黑芝麻用旺火烧开，改小火烧约10分钟，放入猪里脊片、豆腐，撒上菊花瓣，用盐调味，淋少许色拉油即可。

茭白肉丝

[原料]

茭白、猪里脊各300克，红辣椒20克

[调料]

蒜末、鲜汤、胡椒粉、水淀粉、植物油、料酒、盐各适量

[制作方法]

1. 猪里脊洗净，切丝，加盐、料酒、水淀粉抓匀。红辣椒洗净，切圈。茭白去老根、外皮，洗净切成段，再切成片，顺着纹路切成粗丝。将盐、胡椒粉、料酒、水淀粉、鲜汤调成味汁备用。

2. 锅入油烧热，放入猪里脊丝炒至变色，下入蒜末、茭白丝翻炒，加入味汁、红辣椒圈炒匀即可。

八宝肉丁

[原料]

猪里脊200克，香干丁、竹笋丁、香菇丁、西芹块、花生仁、熟肚丁、毛豆仁各50克，鸡蛋1个

[调料]

葱末、姜末、团粉、水淀粉、植物油、辣椒酱、料酒、白糖、盐各适量

[制作方法]

1. 猪里脊洗净，切丁，加鸡蛋、盐、团粉拌匀浆好。

2. 锅入油烧热，入葱末、姜末、辣椒酱炒香，放料酒、盐、白糖，入毛豆仁、熟肚丁、西芹块、香菇丁、猪里脊丁、竹笋丁、香干丁炒匀，水淀粉勾芡，放花生仁炒匀即可。

笋干炒肉

[原料]

笋干300克，猪里脊100克

[调料]

葱段、淀粉、蚝油、植物油、香油、料酒、老抽、盐各适量

[制作方法]

1. 笋干泡开，切成小块。猪里脊洗净，切成片，用盐、料酒、老抽、淀粉腌10分钟。

2. 锅入油烧热，放入笋干翻炒，加入水焖煮，加入盐调味，用老抽调色炒熟，盛出。

3. 原锅留油烧热，放入猪里脊片滑开，放入葱段、炒好的笋干炒匀，待肉片熟透时，加入蚝油调味，撒上香葱段，淋香油即可。

湘西酸肉

[原料]

猪里脊750克，蒜苗25克

[调料]

红辣椒碎、尖辣椒碎、干辣椒碎、清汤、花椒粉、玉米粉、花生油、盐各适量

[制作方法]

1. 猪里脊洗净，切成块。蒜苗洗净，切段。花椒粉、红辣椒碎、尖辣椒碎、干辣椒碎、清汤、玉米粉、盐与猪里脊拌匀后盛入密封的坛内腌成酸肉，切片。

2. 锅入花生油烧热，放入酸肉、干椒末煸炒，下入玉米粉炒成黄色，再倒入清汤焖2分钟，待汤汁稍干，放入蒜苗炒匀即可。

鱼香小滑肉

[原料]

猪里脊300克，竹笋100克，水发木耳50克

[调料]

葱片、姜片、泡椒、淀粉、植物油、酱油、醋、白糖、盐各适量

[制作方法]

1. 竹笋洗净，去皮，切片。木耳洗净，切片。泡椒切末。猪里脊洗净，切片，加入盐稍腌，用淀粉拌匀。酱油、白糖、醋、豌豆淀粉混合制成鱼香汁。

2. 锅入油烧热，放入肉片、泡椒末翻炒，放入葱片、姜片炒香，入竹笋片、木耳炒匀，倒入鱼香汁翻炒至熟即可。

橄榄菜炒肉块

[原料]
罐装橄榄菜50克，猪里脊、四季豆各200克，炸花生仁、红椒块各50克，皮蛋1个

[调料]
色拉油、盐各适量

[制作方法]
1. 猪里脊洗净，切块。四季豆择洗净，切段。皮蛋去皮，切成小块。
2. 锅入油烧热，放入猪里脊块，加入盐滑熟，捞出。
3. 另起油锅，放入四季豆，加入盐炒匀，放入猪里脊块、炸花生仁、红椒块、橄榄菜、皮蛋块炒匀，出锅装盘即可。

肉碎豉椒炒酸豇豆

[原料]
酸豇豆200克，猪里脊馅300克，红辣椒20克

[调料]
葱末、姜末、黑豆豉、水淀粉、酱油、料酒、白糖、盐各适量

[制作方法]
1. 酸豇豆、红辣椒洗净，切碎。猪里脊馅用料酒调稀。
2. 锅入油烧热，放入葱末、姜末、黑豆豉爆香，加入猪里脊馅煸熟，加入酸豇豆碎、辣椒碎，调入料酒、盐、酱油、白糖，用水淀粉勾芡即可。

九味焦酥肉块

[原料]

五花肉150克，面粉150克，鸡蛋1个

[调料]

葱段、姜丝、胡椒粉、辣酱、花生油、醋、盐各适量

[制作方法]

1. 五花肉洗净，入清水锅中煮熟，捞出切条。鸡蛋、面粉、水、盐、胡椒粉调成糊，放入五花肉条挂糊。

2. 锅入油烧热，放入挂上糊的五花肉条炸至呈金黄色，捞出沥油，摆盘。锅留底油，煸香姜丝、葱段，再加盐、辣酱、醋炒匀，浇在五花肉条上即可。

肉炒藕片

[原料]

鲜藕300克，猪里脊200克，尖椒30克

[调料]

姜末、干红辣椒、色拉油、香油、醋、盐各适量

[制作方法]

1. 鲜藕去皮洗净，切成片，放入沸水中焯熟。猪里脊洗净，切片。

2. 将干红辣椒去蒂除籽，切成细末。尖椒洗净，切成片。

3. 锅入油烧热，放入猪里脊片煸炒，加入姜末、干红辣椒末炝锅，放入藕片、尖椒片炒匀，加入盐、醋调味，淋上香油，出锅装盘即可。

杏鲍菇炒肉

[原料]

猪里脊200克，杏鲍菇200克，鸡蛋清、青红椒条各20克

[调料]

葱丝、姜丝、淀粉、植物油、料酒、生抽、白糖、盐各适量

[制作方法]

1. 猪里脊洗净，切条，加入料酒、盐、蛋清、淀粉调味上浆，放入温油锅中滑熟，捞出控油。

2. 杏鲍菇洗净，切条，放入热油锅中炸至呈金黄色，捞出控油。

3. 锅中留油烧热，放入葱丝、姜丝、青红椒条煸炒，烹入料酒，放入里脊条、杏鲍菇条翻炒，用生抽、白糖、盐调味，炒匀出锅即可。

剁椒猪里脊

[原料]

猪里脊300克，青椒、剁椒、香菜各30克

[调料]

葱末、姜末、蒜末、植物油各适量

[制作方法]

1. 猪里脊洗净，切丁。青椒、香菜分别洗净，切小段。

2. 锅入油烧热，放入肉丁煸炒，放入葱末、姜末、蒜末炒香，加入剁椒翻炒5分钟，加入适量水焖5分钟，待汁收干时，放入香菜段炒匀，出锅即可。

肉末烧粉条

[原料]

红薯粉条100克，猪里脊末50克，海带丝30克

[调料]

葱姜片、豆瓣酱、清汤、植物油、酱油、料酒各适量

[制作方法]

1. 红薯粉条放入温水中浸泡15分钟，待软时捞出。

2. 锅入植物油烧热，下入豆瓣酱、葱片、姜片炒香，加入料酒、酱油，放入清汤烧开，拣出豆瓣、葱片、姜片，再放入猪里脊末、粉条、海带丝，待粉条烧透，出锅即可。

锅包肉

[原料]

猪里脊250克，鸡蛋1个，胡萝卜丝10克

[调料]

葱丝、姜丝、香菜段、鲜汤、淀粉、植物油、香油、酱油、醋、白糖、盐各适量

[制作方法]

1. 猪里脊洗净，切成大片，用淀粉、鸡蛋、水抓匀上浆。

2. 酱油、盐、醋、白糖、鲜汤调成味汁。

3. 猪里脊片放入油锅中炸至黄色捞出。锅留底油，放入胡萝卜丝、葱丝、姜丝、猪里脊片，调入味汁，淋香油，撒香菜段即可。

黄豆芽炒大肠

[原料]

黄豆芽250克，卤大肠100克，菠菜50克，红椒10克

[调料]

葱丝、蒜末、XO酱、植物油、香油、白糖、盐各适量

[制作方法]

1. 卤大肠斜刀切段。红椒洗净，切丝。黄豆芽洗净，放入锅中炒至八成熟。菠菜洗净，切段。

2. 锅入油烧热，放入卤大肠炸至呈金黄色，捞出控油。

3. 锅留油烧热，爆香葱丝、蒜末、红椒丝，下入黄豆芽、大肠、菠菜段翻炒，加入盐、XO酱、白糖调味，淋香油炒匀即可。

石锅辣肥肠

[原料]

肥肠400克、红椒、洋葱、蒜苗各50克

[调料]

姜片、卤水、色拉油、盐各适量

[制作方法]

1. 肥肠洗净，入沸水锅中余水，捞出冲凉，放入卤水中，中火卤制1小时，取出，切成长段。

2. 红椒、洋葱分别洗净，切片。蒜苗洗净，切长段。

3. 肥肠入油锅中略炸，捞出沥油。

4. 锅留底油烧热，下入红椒片、姜片、洋葱片煸香，加入盐、肥肠、蒜苗段翻炒，出锅装入烧热的石锅即可。

傻儿肥肠

[原料]

猪大肠400克，菜心200克，胡萝卜10克，毛豆适量

[调料]

植物油、酱油、料酒、盐各适量

[制作方法]

1. 猪大肠洗净，切片。毛豆洗净。胡萝卜洗净，切丁。

2. 菜心洗净，切段，入沸水锅中焯熟，装入盘中。

3. 炒锅入油烧热，放入猪大肠炒至变色，再放入毛豆、胡萝卜丁一起翻炒，待猪大肠炒熟时，倒入酱油、料酒拌匀，加入盐调味，起锅倒在盘中的菜心上即可。

麻花肥肠

[原料]

肥肠300克，麻花100克，干辣椒20克

[调料]

葱段、姜片、花椒、植物油、料酒、盐各适量

[制作方法]

1. 肥肠处理干净，切成段，放入沸水锅中，加入料酒、葱段、姜片氽烫，捞出沥干。

2. 锅入油烧热，下入肥肠稍炸，捞出沥油。

3. 锅留底油烧热，下入干辣椒段、花椒煸出香味，加入麻花、肥肠段炒熟，加入盐调味即可。

辣汁泥肠

[原料]
泥肠250克，洋葱、胡萝卜、干辣椒各80克

[调料]
食用油、辣酱油、白糖各适量

[制作方法]
1. 泥肠切成片。洋葱、胡萝卜去皮洗净，切成丝。干辣椒泡透，切成丝。
2. 锅入油烧至八成热，放入泥肠片，待泥汤涨大时，捞出待用。
3. 锅留余油烧热，放入干辣椒丝、洋葱丝、胡萝卜丝炒香，倒入辣酱油、白糖、炸好的泥肠，炒匀出锅即可。

香芋肥肠钵

[原料]
肥肠300克，香芋150克

[调料]
葱段、姜片、干红椒段、香料(八角、桂皮、草果、香叶)、香辣酱、高汤、水淀粉、植物油、红油、料酒、白糖、盐各适量

[制作方法]
1. 肥肠、香芋洗净，切片。
2. 锅入油烧热，下入姜片、干红椒段、葱段、香料炒香，下入大肠炒出油，烹入料酒，下入香芋煸炒，放入盐、白糖、料酒、香辣酱炒香，加入高汤焖至汤汁浓郁，去掉香料，勾水淀粉，淋红油出锅装入钵中即可。

豆腐烧肠

[原料]

豆腐40克，肥肠100克

[调料]

葱花、姜末、蒜末、豆瓣酱、料酒、盐各适量

[制作方法]

1. 豆腐洗净，切丁。肥肠洗净，切块。

2. 锅置旺火上，放入适量水烧开，下入豆腐丁焯水，捞出。

3. 锅入油烧热，下入姜末、蒜末、豆瓣酱炒香，放入肥肠块炒熟，加入清水煮沸，加入豆腐丁烧开，放入盐、料酒、葱花炒匀，出锅即可。

剁椒肚片

[原料]

熟猪肚250克，泡辣椒50克，芹菜80克

[调料]

葱花、泡姜、干辣椒丝、精炼油、香油、白糖、盐各适量

[制作方法]

1. 熟猪肚切成斜刀片。泡辣椒、泡姜切丝。芹菜洗净，切成段，放入沸水锅中焯水，捞出冲凉。

2. 锅入精炼油烧热，放入干辣椒丝、泡辣椒、泡姜炒香，放入芹菜段、葱花、肚片翻炒，加入盐、白糖炒匀，淋入香油，装入盘中即可。

石湾脆肚

[原料]

新鲜猪肚400克

[调料]

葱段、蒜末、干黄贡椒、猪油、茶
油、米酒、盐各适量

[制作方法]

1. 干黄贡椒洗净，切碎段。

2. 猪肚用清水刮洗干净，用干清洁
   布擦干，斜纹切成肚丝。

3. 干黄贡椒段、蒜末放入热油锅
   中，加入盐调味，煸炒出香味出
   锅。

4. 锅入油烧热，放入肚丝，加入
   盐、米酒爆炒，倒入干黄贡椒、
   葱段、茶油，翻炒均匀，出锅装
   盘即可。

苦瓜炒肚丝

[原料]

苦瓜200克，净熟肚200克

[调料]

葱丝、蒜片、红椒丝、胡椒粉、植
物油、香油、醋、料酒、盐各适量

[制作方法]

1. 苦瓜洗净，切两半，去瓤，顶刀
   切丝。猪肚片成片，切细丝。

2. 料酒、醋、盐、胡椒粉、香油调
   成料汁。

3. 锅入油烧至五成热，放入肚丝、
   苦瓜丝过油，倒入漏勺中控油。
   原锅留底油烧热，放入葱丝、蒜
   片炝锅，放入肚丝、红椒丝、苦
   瓜丝翻炒一下，调入料汁，快速
   颠炒均匀，出锅装盘即可。

泡椒肚尖

[原料]

猪肚400克，西芹块、泡红辣椒块各50克，泡青椒块20克

[调料]

葱花、泡姜片、水淀粉、精炼油、香油、料酒、盐各适量

[制作方法]

1. 猪肚洗净，切菱形块。西芹块焯水。将盐、水淀粉、料酒调匀成芡汁。

2. 锅入油烧热，下入肚块爆成花，捞出沥干。锅中留油烧热，放入泡红辣椒块、泡青椒块、泡姜片炒香，放入肚花、西芹块炒一下，烹入芡汁，淋香油，起锅装盘，撒上葱花即可。

莴笋烧肚条

[原料]

猪肚200克，莴笋150克，青椒、红椒、毛豆粒各20克

[调料]

蒜丁、红油、料酒、盐各适量

[制作方法]

1. 莴笋去皮，切条，焯熟后摆盘。猪肚洗净，汆水捞出，切条。青椒、红椒分别洗净，切条。

2. 油锅烧热，放入毛豆粒、青椒条、红椒条、蒜丁炒香，放入猪肚条炒5分钟，注入水烧开，继续烧至肚条熟透，待汤汁浓稠时，调入盐、料酒、红油拌匀，起锅置于莴笋条上即可。

黄豆炒猪尾

[原料]
猪尾350克，泡发黄豆、油菜各50克

[调料]
葱末、姜末、蒜末、黄豆酱、南乳、白糖、料包、植物油、料酒、生抽、老抽各适量

[制作方法]
1. 猪尾洗净，入沸水氽约2分钟，捞出洗净，切段。
2. 锅入油烧热，放入葱末、姜末、蒜末爆香，放入猪尾段、黄豆，加入黄豆酱、南乳、料酒、老抽、生抽、白糖炒至上色，投料包，小火烧至熟烂，出锅装盘。油菜焯熟，围在盘边即可。

麻辣牛肉丝

[原料]
牛肉2500克

[调料]
葱段、姜末、老姜、熟芝麻、辣椒粉、花椒面、清汤、植物油、香油、红油、酱油、料酒、盐各适量

[制作方法]
1. 牛肉洗净，切块，入清水锅中烧开，加花椒面、姜末、葱段煮熟，切丝。锅入油烧热，放入牛肉丝炸干，捞出。
2. 锅留余油烧热，下入辣椒粉、姜末炒香，加入清汤、牛肉丝、盐、酱油、料酒烧开，收汁，加红油、香油调匀，撒花椒面、熟芝麻即可。

金菇爆肥牛

[原料]

牛肉350克，金针菇100克，青红椒丝50克

[调料]

姜丝、植物油、黄油、料酒、盐各适量

[制作方法]

1. 金针菇洗净，切去根部，放入沸水中焯烫一下，捞出。
2. 牛肉洗净，放入沸水锅中汆烫一下，捞出，切成片。
3. 锅入植物油、黄油烧热，下入姜丝炒香，再放入金针菇、牛肉片，烹入料酒，放入青红椒丝炒匀，加入盐调味，旺火炒匀，出锅装盘即可。

锅烧牛肉

[原料]

牛肉750克，鸡蛋1个

[调料]

葱末、姜末、花椒、八角、桂皮、丁香、淀粉、花生油、料酒、盐各适量

[制作方法]

1. 牛肉洗净，加料酒、花椒、盐腌入味。加葱末、姜末、花椒、桂皮、八角、丁香，上笼屉蒸至酥烂，晾凉。
2. 鸡蛋磕入碗中，加入淀粉调成全蛋糊，抹在牛肉两面。
3. 锅入花生油烧热，下牛肉炸至呈金黄色，捞出控净油，改刀成条形，码入盘中即可。

酥炸牛肉

[原料]

牛肉500克，蛋清3个

[调料]

葱段、姜块、香料包(小茴香、豆蔻、桂皮、八角)、面粉、淀粉、色拉油、酱油、料酒、盐各适量

[制作方法]

1. 牛肉洗净，切厚块，放入锅中，加葱段、姜块、酱油、料酒、香料包、盐，加入水烧开，撇去浮沫，微火炖熟捞出，用干布揩净汤水，撒面粉。

2. 蛋清放入淀粉、盐搅匀。锅入色拉油烧热，将沾好面粉的牛肉块再裹上蛋清糊，放入锅中炸至呈微黄色捞出装盘。

芝麻牛排

[原料]

牛肉500克，鸡蛋1个

[调料]

芝麻、面粉、花生油、盐各适量

[制作方法]

1. 牛肉洗净，切成长片，用刀拍一下，每片相隔一定距离剞一刀，放入汤碗中，加入盐拌匀。

2. 鸡蛋磕入碗中搅匀，将牛肉排裹上面粉，挂上蛋糊，再蘸满芝麻，将两面芝麻压一压。

3. 锅置火上，放入花生油烧至六成热，将牛肉排逐片下锅，炸至两面呈金黄色捞出，沥油，插在有装饰的盘中即可。

清蒸牛肉条

[原料]
牛肉150克

[调料]
葱花、姜块、清汤、香油、酱油、料酒、盐各适量

[制作方法]

1. 牛肉洗净，放入开水锅中煮至八成熟，捞出，切成长片，码入盘中。

2. 将酱油、料酒、盐、姜块、葱花、清汤放在肉条上，再倒入煮牛肉的原汤，放入蒸锅蒸30分钟，取出，挑出姜块，扣入汤盘中，淋入香油，撒上葱花即可。

榨菜蒸牛肉

[原料]
牛肉300克，榨菜100克

[调料]
胡椒粉、淀粉、植物油、酱油、红糖、白糖各适量

[制作方法]

1. 牛肉、榨菜分别洗净，切片。

2. 牛肉片加入酱油、红糖、淀粉、植物油、胡椒粉、凉开水拌匀，腌约10分钟。

3. 榨菜片用少许白糖拌匀，铺入盘中，上面放牛肉片，蒸约15分钟，至牛肉熟透即可。

西湖牛肉羹

[原料]

牛肉100克，冬笋、午餐肉各20克，鸡蛋清、香菜末、胡萝卜末各10克

[调料]

胡椒粉、水淀粉、高汤、香油、料酒、盐各适量

[制作方法]

1. 牛肉洗净，切成粒。冬笋洗净，和午餐肉分别切粒，入沸水锅中焯至冬笋断生，捞起控干。

2. 炒锅置旺火上，加入高汤，下入牛肉粒、冬笋粒、午餐肉粒烧沸后撇净浮沫，加盐、胡椒粉、料酒调味，淋入鸡蛋清，用水淀粉勾薄芡，撒上香菜末、胡萝卜末，淋香油，起锅盛入汤碗中即可。

芝麻干煸牛肉丝

[原料]

牛肉250克，芹菜100克

[调料]

姜丝、辣椒丝、芝麻、胡椒粉、淀粉、植物油、香油、酱油、白糖、盐各适量

[制作方法]

1. 芹菜去老筋、洗净，切丝。牛肉洗净，切丝。

2. 牛肉丝拍上淀粉，放入热油锅中炸至呈金黄色，捞出控油。

3. 锅中留油烧热，加入芹菜丝、姜丝、白糖、酱油、香油、盐、芝麻、胡椒粉炒香，放入牛肉丝、干辣椒丝炒匀，出锅盛盘即可。

果味牛肉片

[原料]

牛肉300克，罐头山楂20克，橘子1个，菠萝50克

[调料]

橙汁、蛋清、淀粉、白糖、盐各适量

[制作方法]

1. 牛肉洗净，切片，加入盐、淀粉、蛋清上浆。菠萝去皮洗净，切片。橘子撕瓣。

2. 锅入油烧热，下入牛肉片滑熟，捞出控油。

3. 另起锅入油烧热，放入橙汁、白糖熬至浓稠，放入牛肉片、橘子、菠萝片、罐头山楂，翻炒均匀即可。

干煎牛排

[原料]

牛肉300克，洋葱、胡萝卜各50克，鸡蛋2个，面粉适量

[调料]

橙汁、水淀粉、胡椒粉、色拉油、白醋、料酒、白糖、盐各适量

[制作方法]

1. 牛肉洗净，切厚片，用刀背拍松，加入盐略腌。洋葱洗净，切片。胡萝卜洗净，切丁。

2. 锅入色拉油烧热，下入牛肉片煎熟，捞出。

3. 另起锅入油烧热，下入洋葱片、胡萝卜丁炒匀，入白醋、白糖、橙汁、盐、胡椒粉、料酒烧沸，水淀粉勾芡，浇在牛排上即可。

灯影牛肉

[原料]

牛肉500克

[调料]

芝麻、花椒粉、辣椒粉、五香粉、植物油、香油、料酒、白糖、盐各适量

[制作方法]

1. 牛肉洗净，切薄片，均匀撒上盐，裹成圆筒形。

2. 牛肉片放入烤箱中烤干。上笼蒸30分钟，再蒸1.5小时，盛出。

3. 姜片入油锅中炸香，捞出，放入牛肉片炸透，留余油，烹入料酒，加入辣椒粉、花椒粉、白糖、芝麻、五香粉翻匀，起锅晾凉，淋香油即可。

陈皮黄牛肉

[原料]

黄牛肉500克

[调料]

葱段、姜段、干红辣椒、干陈皮、花椒、高汤、花生油、酱油、料酒、白糖、盐各适量

[制作方法]

1. 牛肉洗净，切片。陈皮洗净。红辣椒洗净，切成段。

2. 锅中加入花生油烧热，下入牛肉片炸至呈深红色捞出。

3. 锅留余油烧热，下入花椒稍炒，待出香味，烹入料酒、酱油，加入高汤，放入炸好的牛肉片，再放入白糖、盐烧开锅，用微火烧透改旺火，收汁即可。

三湘泡焖牛肉

[原料]

牛肉400克，泡菜丁、泡姜丁、泡辣椒丁各30克，鸡蛋1个

[调料]

葱段、姜段、蒜末、野山椒汁、牛肉酱、胡椒粉、鲜汤、水淀粉、植物油、红油、香油、白糖、盐各适量

[制作方法]

1. 牛肉洗净，切片，用葱段、姜段入味，加盐、蛋清、水淀粉、野山椒汁上浆，入油锅滑熟，捞出。

2. 锅留油烧热，下入蒜末、泡菜丁、泡姜丁、泡辣椒丁煸炒，加盐、白糖、牛肉酱、酱油炒匀，加入鲜汤、牛肉片煨稠，淋红油、香油，撒葱段、胡椒粉即可。

水煮牛肉

[原料]

牛肉400克，芹菜、蒜苗各50克

[调料]

葱花、花椒面、豆瓣、辣椒粉、水淀粉、高汤、植物油、酱油、酒、盐各适量

[制作方法]

1. 芹菜、蒜苗洗净，切段。牛肉洗净，切片，用盐、料酒、酱油、水淀粉腌入味。

2. 锅入油烧热，炒香豆瓣、芹菜段、蒜苗段，倒入高汤烧沸，捞起，放入碗中。锅中加牛肉片煮熟，用水淀粉勾芡，倒入碗中，撒花椒面、辣椒粉、葱花调匀即可。

美味羊柳

[原料]

羊肉300克，胡萝卜、蒜苗各30克，鸡蛋75克

[调料]

蒜末、胡椒粉、淀粉、苏打粉、芡粉、植物油、料酒、白糖、盐各适量

[制作方法]

1. 羊肉洗净，切条，加苏打粉腌半小时，入鸡蛋、盐、玉米淀粉拌匀。胡萝卜、蒜苗分别洗净，切丝。锅入油烧热，放入羊肉条炸至表皮变干，捞出。

2. 锅留油烧热，炒香胡萝卜丝、蒜苗丝、蒜末，入羊肉条、料酒、胡椒粉、白糖、淀粉炒匀即可。

洋葱炒羊肉

[原料]

肥嫩羊肉500克，洋葱250克，红椒2个

[调料]

蒜末、葱段、淀粉、蚝油、花生油、酱油各适量

[制作方法]

1. 洋葱洗净，切条。红椒洗净，切丁。羊肉洗净，切条。淀粉、蚝油、酱油加入水调匀成调味汁。

2. 锅入花生油烧热，下入羊肉条炒散，取出，装入碗中。

3. 原锅入花生油烧热，下入洋葱条、蒜末、葱段、辣椒粒爆香，再放入羊肉条炒匀，倒入调味汁翻匀，待汤汁收浓即可。

铁锅羊肉

[原料]

羊肉300克，蒜瓣50克

[调料]

葱末、黑芝麻、花椒、孜然粒、香叶、桂皮、胡椒粉、辣椒粉、五香粉、水淀粉、蚝油、植物油、米酒、白糖、盐各适量

[制作方法]

1. 羊肉去筋洗净，切丁，放入锅中，加入花椒、香叶、桂皮、水煮熟，捞出凉透。
2. 羊肉丁加水淀粉、蚝油、米酒、盐、白糖、胡椒粉拌匀。
3. 锅入油烧热，下入蒜瓣炒香，放入羊肉丁煸熟，放入辣椒粉、孜然粒、五香粉调味，撒葱末、黑芝麻即可。

辣味羊肉粒

[原料]

羊肉300克，玉米窝头10个，芹菜、青椒、小米椒、洋葱各30克

[调料]

蒜片、香菜段、豆豉辣椒酱、植物油、料酒、盐各适量

[制作方法]

1. 羊肉洗净，切粒，加料酒、盐略腌，入油锅中滑油至熟，捞出。
2. 小米椒、洋葱、香菜、芹菜、青椒分别洗净，切粒。
3. 锅入油烧热，下入蒜片、豆豉辣椒酱、小米椒粒、洋葱粒、芹菜粒、青椒粒爆香，加入羊肉粒炒匀，烹入料酒，撒上香菜粒炒匀即可。食用时与窝头同食。

锅烧羊肉

[原料]

羊肉350克，鸡蛋1个，豆苗100克，洋葱末30克，青椒末、红椒末各10克，面粉20克

[调料]

葱末、姜末、枸杞、胡椒粉、植物油、香油、酱油、料酒、盐各适量

[制作方法]

1. 豆苗洗净。羊肉洗净，切片，加盐、酱油、料酒、葱末、姜末、胡椒粉、香油腌制，裹面粉，再蘸鸡蛋液，入油锅炸变色，捞出。

2. 锅留底油烧热，下入葱末、姜末、洋葱末、青椒末、红椒末爆香，加料酒、盐、枸杞、胡椒粉、水，放入羊肉片炒匀，淋香油浇在豆苗上即可。

九味烹羊肉

[原料]

羊肉700克，鸡蛋清1个

[调料]

葱末、姜末、香菜、辣椒酱、豌豆淀粉、花生油、香油、醋、料酒、白糖、盐各适量

[制作方法]

1. 羊猪里脊洗净，切块，放入料酒、盐腌渍，用鸡蛋清、豌豆淀粉调匀浆好。汤、白糖、盐、醋、辣椒酱、豌豆淀粉、香油调成汁。锅入油烧热，放入肉块炸一下，捞出，待油锅中水分烧干，复炸羊肉至酥透，捞出。

2. 锅留底油烧热，下入葱末、姜末炒香，倒入炸酥的羊肉片、味汁炒匀装盘，周围放香菜即可。

青椒炒羊肉丝

[原料]

羊肉300克，青椒100克，泡椒20克

[调料]

泡姜丝、香菜段、豆瓣酱、水淀粉、盐各适量

[制作方法]

1. 羊肉洗净，切丝，用盐、水淀粉抓匀上浆。泡椒剁碎。
2. 青椒洗净，切丝。香菜洗净，切段。
3. 锅入油烧热，放入肉丝滑炒，捞出沥油。
4. 锅留底油烧热，放入青椒丝、泡姜丝、香菜段炒匀，加入豆瓣酱、羊肉丝，加入盐、泡椒碎调味，炒熟出锅，装入盘中即可。

生炒羊肉片

[原料]

羊肉400克，青尖椒、红尖椒各20克

[调料]

姜片、蒜末、香菜、豆瓣酱、白胡椒粉、水淀粉、植物油、料酒、盐各适量

[制作方法]

1. 羊肉洗净，切成片。
2. 美人椒去蒂、子，切片。香菜择洗干净，切段。
3. 锅入油烧热，放入姜片、蒜末、豆瓣酱煸炒出香味，放入羊肉片，烹入料酒，爆炒至羊肉片九成熟，加入青尖椒片、红尖椒片，调入白胡椒粉、盐炒入味，水淀粉勾芡，撒香菜段即可。

腊八豆炒羔羊肉

[原料]

羊后腿肉500克，腊八豆150克，鸡蛋1个

[调料]

葱末、姜末、水淀粉、色拉油、香油、料酒各适量

[制作方法]

1. 羊后腿肉洗净，切成片，用姜末腌30分钟，加入鸡蛋、水淀粉搅匀上浆，最后加入香油、料酒，放入冰箱冷藏室腌3小时。

2. 锅入色拉油烧至五成热，下入腌好的羊肉片，滑炒2分钟出锅。

3. 锅留余油烧热，下入腊八豆、葱末炒香，放入羊肉片炒匀即可。

石锅羊腩茄子

[原料]

羊腩300克，茄子、胡萝卜各200克，青豆、玉米粒各50克

[调料]

葱片、姜片、蒜片、海鲜酱、卤水、高汤、水淀粉、色拉油、老抽、盐各适量

[制作方法]

1. 羊腩洗净，切块，入卤水中卤熟。胡萝卜、茄子洗净，切块，放入油锅中浸炸3分钟，捞出。

2. 锅留油烧热，放入葱片、姜片、蒜片爆香，放入高汤、胡萝卜、青豆、玉米粒、茄子块烧开，放入羊腩烧20分钟，加入老抽、盐、鸡粉、海鲜酱调味，用水淀粉勾芡，出锅装入石锅中即可。

啤酒干锅羊肉

[原料]

羊肉500克

[调料]

姜片、香蒜、桂皮、八角、啤酒、干锅酱、蚝油、生抽、老抽、盐各适量

[制作方法]

1. 羊肉洗净，氽水，捞出，入油锅中炒干，入啤酒、蚝油、生抽、老抽、干锅酱、盐煸炒。
2. 羊肉、桂皮、八角加水烧开。
3. 将炒好的羊肉放入高压锅中，加入料包烧5分钟，改小火焖2分钟，将羊肉倒出，放入锅中，放入姜片、香蒜，倒入半杯啤酒，待啤酒烧开即可。

砂锅东山羊

[原料]

东山羊肉300克，青萝卜片、红海椒、香菜各50克

[调料]

葱片、姜片、红椒丝、八角、香叶、豆瓣酱、辣妹子酱、高汤、红油、料酒、盐、干辣椒各适量

[制作方法]

1. 羊肉洗净，入清水锅中，加料酒、葱片、姜片烧开，捞出切块。
2. 锅入红油烧热，炒香八角、香叶、干辣椒、豆瓣酱、辣妹子酱，放入羊肉块、高汤烧开，用盐调味。青萝卜片入沸水中焯熟，放入砂锅垫底。羊肉块、红海椒、煮羊肉的汤放入砂锅中烧开，撒香菜段、红椒丝即可。

小米辣烧羊肉

[原料]

羊肉600克，小米椒20克

[调料]

葱末、姜片、蒜末、八角、水淀粉、
植物油、料酒、盐各适量

[制作方法]

1. 羊肉洗净，入沸水锅中煮至断生，
   捞出，切块。小米椒洗净，剁
   碎。

2. 锅入油烧热，下入羊肉块煸炒，
   烹料酒，下入葱末、八角，用小
   火煨至羊肉酥烂，下入蒜末、小
   米椒碎、姜片，放盐略烧，用水
   淀粉勾芡，出锅即可。

红烧羊肉

[原料]

带骨羊肉1000克

[调料]

葱花、姜、青蒜叶、红椒段、八
角、冰糖、水淀粉、酱油、料酒、
盐各适量

[制作方法]

1. 羊肉洗净，入清水锅中煮熟。青
   蒜叶洗净，切段。

2. 羊肉、料酒、酱油、红椒段、八
   角、盐、葱花、姜块放入锅中，
   加清水烧开，加入冰糖，待肉熟
   透，取出肉块，拆去骨头。

3. 肉块切成小方块，放入原汁锅中
   用旺火收汁，汁稠时加入青蒜
   叶，用水淀粉勾芡，出锅即可。

牙签羊肉

[原料]

羊后腿肉400克，鸡蛋1个

[调料]

芝麻、孜然、辣椒粉、胡椒粉、淀粉、鸡粉、植物油、料酒、盐各适量

[制作方法]

1. 羊后腿肉洗净，去除筋膜，切成小块，用孜然、芝麻、辣椒粉、盐、鸡粉、胡椒粉、料酒、鸡蛋液抓匀，腌渍入味，放入淀粉拌匀，用牙签串起来。
2. 锅入油烧至六成热，下入串好的羊肉块炸熟，捞出，沥干油分，装盘即可。

粉蒸羊肉

[原料]

羊腿肉400克，大米粉150克

[调料]

葱丝、姜末、香菜、茴香子、八角、草果、辣豆酱、胡椒粉、花椒油、辣椒油、料酒、盐各适量

[制作方法]

1. 羊腿肉洗净，切成薄片，放入葱丝、料酒、姜末、盐拌匀。
2. 大米粉、八角、茴香子、草果放入锅中炒香，倒出压碎，再将辣豆酱炒香，加水，放入大米粉拌匀装盆，上笼蒸5分钟，取出。
3. 羊肉片加胡椒粉、花椒油、辣椒油、大米粉拌匀，上笼蒸20分钟，取出装盘，撒香菜段即可。

芫爆羊肚

[原料]

熟羊肚400克，香菜50克

[调料]

葱末、姜末、蒜片、胡椒粉、花生油、香油、醋、料酒、盐各适量

[制作方法]

1. 熟羊肚洗净，切成细丝。香菜洗净，切成段。

2. 将盐、料酒、胡椒粉、醋调匀成味汁。

3. 锅入花生油烧热，放入葱末、姜末、蒜片爆香，加入羊肚丝、香菜段，烹入调好的味汁，快速爆炒均匀，淋香油，盛出装盘即可。

麻辣羊蹄花

[原料]

羊蹄2500克，香菜、泡菜100克，小鲜红辣椒20克

[调料]

葱片、姜片、蒜片、桂皮、猪油、香油、酱油、料酒、盐各适量

[制作方法]

1. 羊蹄洗净，放锅中煮透捞出，放入砂锅中，加水、料酒、盐、酱油、桂皮、葱片、姜片烧开，改小火煨烂，扣入碗中，放入原汤，再上笼蒸烂。

2. 泡菜切碎。小鲜红辣椒洗净，切细丝。锅入猪油烧热，下入泡菜碎、蒜片炒香，取出羊蹄反扣在盘中，把汁淋在羊蹄上，再淋香油，撒香菜段即可。

炖羊蹄

[原料]

生羊蹄2个

[调料]

葱段、姜片、香菜末、八角、水淀粉、植物油、酱油、料酒、盐各适量

[制作方法]

1. 羊蹄洗净，用开水煮熟，捞出晾凉。

2. 锅入油烧热，下入八角炸香，加入葱末、姜末炒香，烹入酱油、料酒，加入适量清水，放入羊蹄，小火慢炖入味，加入盐，用水淀粉勾芡，出锅，装入盘中，撒上香菜末即可。

泡椒兔腿

[原料]

兔腿300克，红尖椒、绿尖椒各2个

[调料]

葱末、姜末、泡椒、香料包、胡椒粉、老抽、料酒、盐各适量

[制作方法]

1. 兔腿肉洗净，与香料包一起放入锅中卤味15分钟，捞出，切成块。红尖椒、绿尖椒洗净，切成块。

2. 锅入油烧热，放入葱末、姜末爆锅，放入红尖椒块、绿尖椒块、泡椒翻炒出味，倒入兔腿肉块，调入盐、胡椒粉、料酒、老抽，翻炒5分钟，出锅装盘即可。

宫廷兔肉

[原料]

兔肉500克

[调料]

葱花、姜片、蒜末、花椒、豆瓣酱、
辣椒酱、高汤、红油、料酒各适量

[制作方法]

1. 兔肉洗净，切成小方丁，放入沸
   水锅中汆水，捞起备用。

2. 锅入油烧热，下入蒜末、姜片、
   红油、花椒煸香，放入兔肉丁煸
   炒出香味，下入料酒、辣椒酱、
   豆瓣酱，加入高汤焖至入味，撒
   上葱花即可。

干锅兔

[原料]

兔肉300克，竹笋、莲藕、胡豆各
50克

[调料]

葱段、姜末、蒜末、干辣椒段、干
花椒、孜然粉、料酒、生抽、白
糖、盐各适量

[制作方法]

1. 兔肉洗净，切块，汆水。竹笋洗
   净，切片。莲藕洗净，切片。

2. 锅入油烧热，放入白糖炒色。白
   糖起泡时，放入兔肉，加入料
   酒、盐、姜末、蒜末爆炒，加入
   干辣椒段、干花椒、孜然粉炒
   香，加入竹笋片、莲藕、胡豆，
   放入葱段炒熟，加入生抽即可。

山药炸兔肉

[原料]

兔肉250克，山药50克，鸡蛋2个

[调料]

葱段、姜片、水淀粉、猪油、酱油、料酒、白糖、盐各适量

[制作方法]

1. 山药去皮洗净，切片，放入蒸锅中蒸熟，取出，压成泥。

2. 兔肉洗净，切块，加料酒、盐、酱油、白糖、姜片、葱段拌匀。

3. 鸡蛋去黄留蛋清，加山药泥、水淀粉搅匀，调成蛋清糊，将兔肉裹匀挂糊。

4. 锅入猪油烧热，逐个放入兔肉块炸至断生，捞出，待油温升高，再一起下锅复炸至呈金黄色即可。

红焖兔肉

[原料]

兔肉500克，荸荠100克

[调料]

姜片、蒜段、泡椒、红腐乳、辣妹子酱、五香粉、生抽、料酒、白糖各适量

[制作方法]

1. 兔肉洗净，斩成块，沥干水分。

2. 荸荠洗净，切成两半。兔肉氽水，捞出，洗净浮沫，沥干。

3. 锅入油烧热，放姜块、泡椒爆香，入兔肉块翻炒，下料酒、白糖、五香粉、辣妹子酱、生抽、红腐乳爆炒，加荸荠、水煮开，转小火焖1个小时至兔肉酥烂，加入蒜段，旺火收汁装碟上桌。

Part
3

吃鱼剥虾，
味美全家

紫蔻陈皮烧鲫鱼

原料

鲫鱼1~2尾，紫蔻、陈皮、元胡各6克，生姜12克，葱白15克

调料

酱油、料酒、盐、白糖、猪油、水淀粉、鸡清汤各适量

制作方法

1. 鲫鱼洗净，再入沸水锅中略焯，以去腥味，捞出。葱白、生姜洗净，葱切段，姜切片。
2. 紫蔻、元胡、陈皮放入鱼腹内。
3. 锅烧热，倒入鸡清汤，加入葱、姜、盐、鲫鱼、酱油、料酒、白糖、猪油煮沸，待小火煮出香味时，用水淀粉勾薄芡即可。

豆豉烧鲫鱼

原料

鲫鱼350克，豆腐块100克

调料

葱花、姜片、蒜片、高汤、红辣椒粉、花椒粉、菜籽油、豆瓣、豆豉、料酒、盐各适量

制作方法

1. 鲫鱼洗净，在鱼身两面各划两刀，入热油锅煎至两面呈金黄色，倒出沥油。
2. 锅入油烧热，下入豆瓣、姜片、蒜片、豆豉、花椒粉、红辣椒粉炒出红油香味，加高汤，再放入鲫鱼、豆腐块、料酒烧入味。
3. 将鱼夹出放在盘内，豆腐摆在一边，水豆粉勾芡，撒葱花即可。

干烧海虾鲫鱼

[原料]
新鲜鲫鱼300克，基围虾100克

[调料]
葱花、姜片、蒜片、红辣椒段、豆瓣酱、白酒、水淀粉、醋、老抽、白糖、盐各适量

[制作方法]
1. 鲫鱼洗净，与基围虾同入热油锅，炸至呈金黄色，捞出沥油。
2. 锅留底油，调入葱花、姜片、蒜片、红辣椒段炒香，放豆瓣酱炒出红色，加白酒、老抽、白糖、盐调味，放入鲫鱼、基围虾，文火略烧。盛出，在汤汁中加入醋，水淀粉勾芡，淋在鲫鱼、基围虾上即可。

黄酒鲤鱼

[原料]
鲤鱼1条（约500克）

[调料]
黄酒适量

[制作方法]
1. 鲤鱼去鳞、鳃及内脏，洗净。
2. 净鱼与黄酒入锅，加适量水煮熟，吃鱼肉。

鲤鱼粥

[原料]

鲤鱼1条（约500克），苎麻根30克，糯米100克

[调料]

盐适量

[制作方法]

1. 鲤鱼去鳞、内脏，洗净，取鱼肉。
2. 苎麻根加水1500毫升，水煎取汁1000毫升，下糯米、鱼肉煮粥，加盐调味即可。

糖醋黄花鱼

[原料]

黄花鱼1条，炸松子仁50克，水发香菇、荸荠各30克

[调料]

胡椒粉、清汤、水淀粉、香油、植物油、料酒、酱油、醋、白糖各适量

[制作方法]

1. 黄花鱼处理干净，剞花刀。香菇、荸荠分别洗净，切丁。
2. 锅入油烧热，黄花鱼用水淀粉抹匀，拍上干淀粉，下油锅炸酥。
3. 锅中留油烧热，投入香菇丁、荸荠丁略炒，烹料酒、酱油、醋、清汤、白糖、胡椒粉烧沸，用水淀粉勾芡，淋香油，浇在鱼上，撒松子仁即可。

木耳烧黄花鱼

[原料]
鲜黄花鱼1条，水发木耳30克

[调料]
花生油、葱段、香菜段、醋、盐、高汤各适量

[制作方法]
1. 黄花鱼洗净，两侧斜剞直刀。
2. 葱段入热油锅中爆香，放入黄花鱼两面稍煎，烹入醋，加高汤和盐，再加入木耳烧熟，撒香菜即可。

家常黄花鱼

[原料]
黄花鱼500克

[调料]
葱花、姜片、蒜片、香菜段、清汤、甜酱、香油、料酒、盐各适量

[制作方法]
1. 黄花鱼去鳞、内脏，洗净，两面剞刀花。
2. 锅入油烧热，放入葱花、姜片、蒜片煸炒出香味，加甜酱炒至变色，烹入料酒调味，再放入黄花鱼，两面略烧，加清汤、盐，旺火烧开，慢火煨透。
3. 汤汁将干，将黄花鱼翻身，收汁，淋入香油，撒上香菜段出锅即可。

香辣鲈鱼

[原料]

鲈鱼500克，熟西蓝花50克

[调料]

胡椒粉、五香粉、淀粉、水淀粉、植物油、料酒、辣椒面、白糖、盐各适量

[制作方法]

1. 鲈鱼洗净，头、尾留用，鱼肉片切成薄片，将鱼骨剁成块。

2. 鱼骨、鱼片加盐、白糖、胡椒粉、料酒腌入味，加辣椒面、五香粉、水淀粉拌匀。鱼头、鱼尾、鱼骨拍上淀粉炸熟，鱼片滑油至熟。鱼头、鱼尾摆于盘两端，中间放入鱼骨、鱼片，用熟西蓝花点缀即可。

干煎带鱼

[原料]

带鱼500克

[调料]

胡椒粉、盐、淀粉、鸡蛋液、料酒、食用油各适量

[制作方法]

1. 带鱼洗净，切段，抹干水分，用料酒及胡椒粉腌20分钟。

2. 淀粉、鸡蛋液、盐拌匀，调成糊，放入带鱼段挂糊。

3. 锅入油烧热，放入挂上糊的带鱼段，煎至两面呈金黄色，取出，沥油，装盘即可。

清蒸带鱼

[原料]

带鱼500克

[调料]

葱、姜、料酒、盐、鱼露、油各适量

[制作方法]

1. 将带鱼洗净，在鱼块两面剞十字花刀（斜切成网格状），切5厘米宽的段。

2. 将带鱼块装盘，加入葱、姜、料酒、盐和鱼露，上蒸笼蒸6分钟，出笼，淋明油即可。

纸包带鱼

[原料]

带鱼500克，锡纸10张（15厘米×12厘米）

[调料]

生抽、盐、胡椒粉、糖、葱丝、姜丝、料酒、花生油各适量

[制作方法]

1. 带鱼洗净，切成8厘米长段，两面剞花刀，加各调料腌制30分钟。

2. 锅内加花生油，烧至七成热时，将带鱼炸成枣红色捞出。

3. 将炸好的带鱼加葱丝和姜丝，用锡纸包好，上笼蒸10分钟即可。

盐酥带鱼

[原料]

带鱼500克

[调料]

葱末、姜末、蒜末、辣椒末、盐、料酒、淀粉、胡椒粉各适量

[制作方法]

1. 带鱼洗净，切段，加盐、料酒腌制，蘸匀淀粉，入油锅中用大火高温炸至金黄，捞出沥油。

2. 另起油锅，入油烧热，加葱末、姜末、蒜末、辣椒末炒香，放入酥带鱼稍炒，再加胡椒粉拌匀即可。

红油带鱼

[原料]

带鱼400克，红杭椒段30克，香菜段10克

[调料]

葱末、姜末、蒜末、面粉、料酒、食用油、红油、白糖、盐各适量

[制作方法]

1. 带鱼刮净，去内脏洗净，切成段，用盐、料酒拌匀腌渍入味，拍上面粉。

2. 锅入油烧热，放入鱼块略炸，捞出沥油。

3. 锅中留油烧热，放入葱末、姜末、蒜末、红杭椒段、料酒、红油炒香。加水烧开，放入带鱼，用盐、白糖调味，烧入味即可。

红烧带鱼

[原料]

带鱼500克

[调料]

葱末、姜末、蒜末、香菜末、酱油、干辣椒、花椒、郫县豆瓣、淀粉、植物油、白糖各适量

[制作方法]

1. 带鱼洗净，切成长段，将两面裹上薄薄的干淀粉。

2. 锅入油烧热，下入带鱼，炸至两面呈浅黄色，捞出沥油。

3. 锅内留余油烧热，放入干辣椒、葱末、姜末、蒜末、花椒炒香，加入郫县豆瓣炒出香味，放入带鱼段，倒入水、酱油、白糖焖10分钟，收汁，撒香菜末即可。

羊肝焖鳝鱼

[原料]

黄鳝300克，羊肝90克，花生仁30克

[调料]

姜片、蚝油、料酒、花生油、酱油、醋、白糖、盐各适量

[制作方法]

1. 黄鳝宰杀，去骨洗净，切段，放入沸水锅中加料酒、醋焯水，捞出，冲洗干净。

2. 羊肝洗净，切片，和鳝鱼段加料酒、酱油腌渍10分钟。

3. 锅中加花生油烧热，放入姜片爆锅，放入羊肝片、鳝鱼段煸炒。

4. 放入花生仁，加少许水，用蚝油、白糖、酱油、盐调味，开锅转文火焖至熟透入味即可。

盐碱肉爆鳝片

[原料]

鳝鱼400克，熟咸肉100克，青尖椒条10克

[调料]

葱段、姜末、蒜末、辣椒酱、水淀粉、胡椒粉、花生油、酱油、醋、白糖各适量

[制作方法]

1. 鳝鱼肉洗净，切段。咸肉切片。酱油、醋、白糖、水淀粉调成芡汁。锅下花生油烧热，放入鳝鱼段、咸肉片爆锅，沥油。

2. 锅留余油回旺火上，放入蒜末、葱段、姜末、辣椒酱、鳝鱼片、咸肉片略煸，倒入调好的芡汁，旺火爆炒，撒胡椒粉即可。

金蒜烧鳝段

[原料]

鳝鱼150克，蒜瓣100克

[调料]

干红椒、香菜段、老抽、料酒、白糖、盐各适量

[制作方法]

1. 鳝鱼处理干净，在背部均匀地割上花刀，斩成小段。

2. 干红椒洗净，切段。

3. 锅入油烧热，放入蒜瓣、干红椒炸香，再放入鳝段旺火煸炒，加水、盐、白糖、老抽、料酒旺火烧开，再用文火焖3分钟，待汤汁浓稠，撒上香菜段即可。

榨菜蒸白鳝

[原料]

白鳝400克，榨菜50克

[调料]

葱花、葱白、姜片、香菜段、盐、胡椒粉、油、香油各适量

[制作方法]

1. 鳝鱼宰后洗净，泡水10分钟，取出除去滑腻，洗净抹干，斩件，加盐、胡椒粉拌匀至碟上。

2. 榨菜用水浸透，挤干水分，切成薄片。葱白洗净，切丝。

3. 将榨菜片、姜片、葱白丝分别撒在鳝鱼上，淋上油，将鳝鱼隔水蒸熟，撒上葱花、香菜，淋香油即可。

泡椒鳝段

[原料]

鳝鱼400克，莴笋100克

[调料]

葱末、姜片、蒜片、泡椒酱、植物油、高汤、料酒、酱油、醋、白糖、盐各适量

[制作方法]

1. 鳝鱼处理干净，切段。

2. 莴笋洗净，去皮，切丁，用沸水汆烫2分钟，捞出。

3. 锅入油烧热，放入鳝鱼煸干，加入泡椒酱、姜片、蒜片炒香，加莴笋丁、料酒、酱油、盐、白糖调味，倒入高汤烧沸。改用文火烧至鳝鱼熟软，收汁，加葱末、醋调匀即可。

烧黄鳝

[原料]

黄鳝500克

[调料]

油、酱油、大蒜、生姜、胡椒粉、盐、淀粉、香油各适量

[制作方法]

1. 黄鳝洗净，切成片。姜、蒜切片。
2. 盐、胡椒粉、水淀粉调成芡汁。
3. 黄鳝入热油中爆炒，下姜、蒜、酱油炒匀，倒入芡汁，淋上香油即可。

粉蒸泥鳅

[原料]

泥鳅300克，红地瓜100克，糯米粉50克

[调料]

姜末、蒜末、香菜末、泡红椒、甜面酱、醪糟汁、菜籽油、料酒、红糖、盐各适量

[制作方法]

1. 红地瓜洗净，去皮，切条。泡红椒剁细。泥鳅洗净，切条，加糯米粉、姜末、蒜末、盐、泡红椒、红糖、甜面酱、醪糟汁、料酒拌匀。
2. 泥鳅入蒸碗内，放红地瓜，上笼蒸至红地瓜、鳅鱼熟透，翻扣于盘中，浇热油，撒香菜末即可。

墨鱼炖桃仁

[原料]
墨鱼300克，核桃仁10枚

[调料]
香油、盐各适量

[制作方法]
1. 将墨鱼在水中浸泡3小时，去鱼骨、内脏，洗净，切片。将核桃仁洗净。
2. 将墨鱼片与核桃仁一同放入锅内，加适量水，用大火烧沸，再改用小火煮熟，加盐和香油调味即可。

姜丝炒墨鱼

[原料]
墨鱼250克，生姜100克

[调料]
盐、植物油各适量

[制作方法]
1. 墨鱼去骨、去内脏，搓洗干净。
2. 将墨鱼洗净切片，生姜切丝。锅入油烧至八成热时倒入墨鱼、姜丝同炒，加盐调味，装盘即可。

墨鱼炒韭菜

[原料]

墨鱼250克，韭菜100克

[调料]

桂皮粉、黄酒、红糖、酱油、花生油各适量

[制作方法]

1. 将韭菜洗净，切段。

2. 将墨鱼洗净取肉，切成米粒状，下入热油锅中，加桂皮粉、黄酒、红糖、酱油等炒散。

3. 墨鱼肉将熟时，投入韭菜段炒熟即可。

宫爆墨鱼仔

[原料]

鲜墨鱼仔400克，去皮五香花生米100克

[调料]

葱末、姜末、蒜末、生抽、植物油、泡椒丁、淀粉、料酒、白糖、盐各适量

[制作方法]

1. 墨鱼仔洗净，锅入清水烧开，放入墨鱼仔汆透，捞出。

2. 生抽、淀粉、料酒、白糖、盐调成味汁。

3. 锅入油烧热，放入葱末、姜末、蒜末爆锅，倒入味汁，下入墨鱼仔翻炒，加花生米、泡椒丁炒匀，装盘即可。

墨鱼炒肉片

[原料]
墨鱼仔300克，五花肉100克，蒜苗50克

[调料]
胡椒粉、生抽、食用油、料酒、盐各适量

[制作方法]

1. 墨鱼仔洗净，焯水冲凉，沥干水分。五花肉洗净，切片。蒜苗洗净，切成段。

2. 锅入油烧热，放入蒜苗段、生抽、料酒炒香，再放入墨鱼仔、五花肉片，加盐、胡椒粉调味，翻炒均匀即可。

南乳墨鱼仔

[原料]
墨鱼仔200克

[调料]
葱丝、姜丝、南乳汁水、盐各适量

[制作方法]

1. 墨鱼仔洗净，加料酒、葱丝、姜丝用沸水汆水，去除腥味，捞出待用。

2. 锅中加入南乳汁水，放入墨鱼仔收浓汁水，起锅晾凉，装盘即可。

鲈鱼苎麻根汤

[原料]

鲈鱼1条（约750克），苎麻根30克

[调料]

盐适量

[制作方法]

1. 鲈鱼去鳞、内脏，洗净。

2. 将鲈鱼与苎麻根同入沙锅中，加适量水，置旺火上煮开，文火煮1小时，用盐调味即可。

菊花草鱼

[原料]

草鱼1尾，鲜菊花瓣30克，冬笋、火腿各40克，猪网油1张

[调料]

枸杞、姜片、葱段、盐、料酒各适量

[制作方法]

1. 枸杞用温水洗净，菊花用盐水洗净，冬笋、火腿切片。

2. 草鱼去鳞、鳃、内脏，洗净，鱼体两面各割五刀，再用姜片、葱段、料酒、盐腌30分钟。

3. 网油铺在案板上，鱼摆在网油一端，火腿、冬笋、枸杞、菊花摆在鱼体两边，用网油将鱼包好，上笼蒸30分钟取出，揭去网油，撒菊花。

红烧草鱼

[原料]

净草鱼800克

[调料]

葱末、姜末、蒜末、香菜末、胡椒粉、生抽、水淀粉、香油、食用油、白糖、盐各适量

[制作方法]

1. 净草鱼改刀，涂上盐稍腌渍15分钟。

2. 锅入油烧热，将整条鱼放入锅中炸至两面呈金黄色，捞出沥油。

3. 锅内留余油烧热，放入葱末、姜末、蒜末、香菇丝翻炒，加入盐、白糖、草鱼、生抽、胡椒粉、香油，稍焖20分钟，用水淀粉勾薄芡，撒香菜末即可。

豆瓣烧草鱼

[原料]

草鱼500克

[调料]

葱末、姜末、色拉油、水淀粉、郫县豆瓣、胡椒粉、辣椒油、生抽、盐各适量

[制作方法]

1. 草鱼洗净，改刀，热锅放油，放入草鱼煎至呈黄色，捞出。

2. 锅留余油，放入郫县豆瓣、葱末、姜末炒出红油，倒入清水烧开，放煎好的草鱼，加盐煮开，中文火烧7分钟，待锅内剩有少量汤汁，将鱼盛出。

3. 锅中剩余汤汁加水淀粉、葱末、生抽、胡椒粉，淋辣椒油，撒香葱末，浇在草鱼上即可。

肉松飘香鱼

[原料]

草鱼500克，芹菜段50克，鸡蛋1个，猪肉松10克

[调料]

葱花、姜片、蒜片、豆腐乳汁、花椒、干辣椒、泡辣椒、豆瓣、精炼油、老抽、盐各适量

[制作方法]

1. 泡辣椒、豆瓣剁碎。草鱼洗净，片成片，加葱花、姜片、盐码味。鱼片用鸡蛋清拌匀。锅入精炼油烧热，放鱼片过油。

2. 锅入油烧热，入老抽、泡椒末、豆瓣末、姜片、蒜片炒香，掺入鲜汤，加盐、豆腐乳汁、干辣椒、花椒，放入鱼片烧熟，晾凉，撒猪肉松、葱花即可。

蒜焖鲇鱼

[原料]

鲇鱼400克，香菇50克

[调料]

葱段、蒜末、香菜末、干淀粉、花生油、高汤、蚝油、料酒、老抽、盐各适量

[制作方法]

1. 鲇鱼去内脏，洗净，切成块，拍匀干淀粉。

2. 香菇用温水泡发，洗净，切片。

3. 锅入油烧热，下入鲇鱼炸熟，再下入蒜末炸至呈金黄色。

4. 锅内留油烧热，加入葱段、水发香菇片、蒜末炒出香味，烹入料酒，加入高汤、蚝油、老抽、鲇鱼烧开，撒香菜末即可。

鲇鱼烧茄子

[原料]

鲇鱼300克，茄子150克

[调料]

葱花、姜片、蒜片、尖椒圈、辣椒粉、辣椒油、酱油、料酒、盐各适量

[制作方法]

1. 鲇鱼去内脏，洗净，切大块，入沸水锅中焯水，捞出沥干水分。茄子洗净，切条，入热油中略炸，捞出。

2. 锅中留油烧热，放入葱花、姜片、蒜片、酱油、料酒爆香，再放入鲇鱼块，加盐、辣椒粉调味，烧至熟透，放入茄条、尖椒圈，旺火烧至汤汁浓稠，淋上辣椒油出锅即可。

青椒鱼丝

[原料]

青鱼600克，柿子椒150克

[调料]

姜末、胡椒粉、料酒、水淀粉、猪油、盐各适量

[制作方法]

1. 青鱼收拾干净，剥净鱼皮，去净鱼刺，切丝，用盐、水淀粉浆过。

2. 柿子椒择洗净，切丝。盐、胡椒粉等调料和水淀粉调汁。

3. 锅中放油烧温热，将鱼丝下锅，用筷子轻轻滑散，再将柿子椒丝放入锅中，随即倒在漏勺中，沥油。锅中放油少许烧热，把姜丝、鱼丝下锅稍炒，烹入调好的汁炒熟即可。

苦瓜鱼丝

[原料]

黑鱼肉350克，苦瓜150克

[调料]

胡椒粉、水淀粉、红椒丝、色拉油、醋、白糖、盐各适量

[制作方法]

1. 苦瓜洗净，去子切丝，焯水。红椒丝焯水。黑鱼肉洗净，切丝，加盐、水淀粉、胡椒粉拌匀待用。

2. 锅放油烧热，放入鱼丝滑散、滑熟，倒入漏勺，控油待用。

3. 锅留底油烧热，倒入鱼丝、苦瓜丝、红椒丝炒匀，加白糖、白醋调味，继续翻炒均匀即可。

干烧鲳鱼

[原料]

鲳鱼500克，肉丝30克，笋丝、木耳丝各10克

[调料]

葱丝、姜丝、辣椒丝、香菜段、植物油、香油、鲜汤、料酒、酱油、醋、白糖、盐各适量

[制作方法]

1. 鲳鱼处理干净，抹少许酱油腌渍入味，入七成热油锅中炸黄色，捞出沥油。

2. 另起锅入油烧热，入白糖炒红，放入肉丝、笋丝、木耳丝、葱姜丝、辣椒丝炒匀，加入鲜汤、鲳鱼，调入盐、醋、料酒、酱油烧熟，淋香油，撒香菜段即可。

黄豆酥蒸鳕鱼

[原料]

银鳕鱼1片(重约150克)，黄豆50克

[调料]

葱花、豉油汁、香菜末、色拉油、
盐各适量

[制作方法]

1. 银鳕鱼片洗净，备用。

2. 黄豆切碎，入油锅中用文火慢
   炒，至水汽蒸干，调入盐，炒成
   豆酥待用。

3. 将炒好的豆酥放在鳕鱼上，上笼
   蒸6～7分钟，出笼，淋入少许豉
   油汁，撒上香菜末、葱花，装盘
   即可。

冬菜蒸鳕鱼

[原料]

银鳕鱼1片(重约150克)，冬菜30克

[调料]

葱花、粉丝、豉油汁、色拉油各适
量

[制作方法]

1. 银鳕鱼片洗净，备用。

2. 冬菜洗净，放入油锅中炒香，待
   用。粉丝用温水泡发。

3. 将冬菜加粉丝拌匀，放在鳕鱼
   上，上笼蒸6～7分钟，蒸熟出
   笼，淋入少许豉油汁，撒上葱花
   即可。

川江红锅黄辣丁

[原料]

黄辣丁500克，鲜番茄片、芹菜条各30克

[调料]

葱段、姜片、四川泡酸菜、川椒节、辣豆瓣酱、花椒、胡椒、花生米、八角、香叶、葱油、高汤、色拉油、冰糖各适量

[制作方法]

1. 黄辣丁宰杀，洗净待用。
2. 锅入油烧热，下冰糖炒红色，下入辣豆瓣酱、花椒、胡椒、姜片、花生米炒香，加高汤熬制成汤艳红、浓厚鲜香，滤渣待用。
3. 锅加油烧热，煸香泡酸菜、黄辣丁、芹菜条，倒入红汤，放入川椒节、鲜番茄片、葱段即可。

干锅黄辣丁

[原料]

黄辣丁500克，红尖椒圈30克，紫苏叶10克

[调料]

姜片、蒜瓣、豆瓣酱、辣妹子、胡椒粉、干椒段、鲜汤、植物油、红油、料酒、醋、盐各适量

[制作方法]

1. 黄辣丁洗净。锅入油烧热，下入黄辣丁、蒜瓣略炸，沥油。
2. 锅内留底油，下入姜片、干椒、豆瓣酱、辣子炒香，再放入黄辣丁、蒜瓣，烹入醋、料酒，注入鲜汤烧开，加盐，待黄辣丁烧至入味，旺火收浓汤汁，放入紫苏叶、红尖椒圈，淋红油即可。

清蒸加吉鱼

[原料]

加吉鱼1尾，青椒丝、红椒丝、猪五花肉各20克

[调料]

葱丝、姜片、植物油、水淀粉、料酒、盐各适量

[制作方法]

1. 加吉鱼去鳞、鳃、内脏，洗净，在鱼身上打柳叶花刀，汆烫，捞出，盛入盘内。猪五花肉洗净，切片。姜片、猪五花肉片摆在鱼身上，淋上料酒，上笼蒸熟取出，拣出姜片、肥猪肉膘片。

2. 锅入清水，倒入蒸鱼的原汁，加入盐调味，勾芡，浇在鱼身上，撒红椒丝、青椒丝、葱丝即可。

酸辣回锅三文鱼

[原料]

三文鱼400克，青尖椒块、红尖椒块各50克，口蘑片、杏鲍菇片各30克

[调料]

蒜片、花椒粉、咖喱粉、干淀粉、蒜蓉辣椒酱、豆豉辣酱、番茄酱、水淀粉、料酒、白糖、盐各适量

[制作方法]

1. 三文鱼洗净，斜刀切块，用花椒粉、咖喱粉、料酒和干淀粉拌匀腌入味，入煎锅煎黄，控油。

2. 锅留油烧热，放蒜片、蒜蓉辣椒酱、口蘑、杏鲍菇片豆豉辣酱、番茄酱炒香，加水、三文鱼块、青、红尖椒块，调入盐、白糖烧至汤稠浓，水淀粉勾芡即可。

蒜瓣泡椒烧鱼

[原料]

母鲴鱼400克，水发香菇50克

[调料]

葱末、姜片、蒜瓣、泡椒段、酱油、料酒、白糖各适量

[制作方法]

1. 母鲴鱼处理干净，切成厚片，入热油锅中略炸，捞出沥油。

2. 水发香菇洗净，切条。

3. 锅中加油烧热，放入蒜瓣炸至呈金黄色，放入葱末、姜片、泡椒段炒香，烹入料酒、水、酱油、白糖调味，烧开放入鲴鱼、香菇条，转文火烧至熟透入味，改旺火烧至汤汁浓稠，出锅即可。

小炒火焙鱼

[原料]

火焙鱼300克，青椒200克

[调料]

葱、酱油各适量

[制作方法]

1. 火焙鱼洗净，沥干水分，青椒切丝，葱切丝。

2. 锅入油烧至六成热，放入火焙鱼炸香，倒入漏勺控净油。

3. 锅留底油烧热，炒香葱丝，加青椒丝、酱油煸炒，放入炸好的火焙鱼，炒匀即可。

白辣椒蒸火焙鱼

[原料]

火焙鱼400克，青尖椒、红尖椒、白辣椒各50克

[调料]

豆豉、猪油、酱油、醋、盐各适量

[制作方法]

1. 青尖椒、红尖椒分别洗净，切成小圈。白辣椒洗净，切段。

2. 火焙鱼下热油锅炸酥，放入碗里，撒上青尖椒圈、红尖椒圈、白辣椒段、豆豉、盐、醋，浇上猪油，入蒸锅蒸10分钟，淋酱油拌匀即可。

葱烧鱼皮

[原料]

鱼皮300克，香菇20克，油菜心50克

[调料]

葱段、蚝油、高汤、植物油、盐各适量

[制作方法]

1. 发好的鱼皮洗净，改刀成片。

2. 香菇温水泡发，洗净，去蒂。油菜心洗净。

3. 鱼皮入沸水锅汆水，捞出备用。

4. 油菜心入沸水锅汆水，捞出围在盘边。

5. 锅内加油烧热，放入葱段爆香，加入鱼皮、香菇，烹入盐、蚝油，倒入高汤炖至软糯即可。

蒜仔烧鱼皮

[原料]

水发鱼皮300克

[调料]

葱丝、姜汁、蒜瓣、料酒、香油、高汤、水淀粉、白糖、盐各适量

[制作方法]

1. 发好的鱼皮洗净，切成长的菱形片，泡入清水中。蒜瓣入油锅炸香。

2. 将鱼皮用沸水氽，加入高汤、料酒稍煮，捞出控水。

3. 锅入油烧热，放入蒜仔略炒，加入葱丝、高汤、料酒、姜汁、白糖、盐烧开，打去浮沫，放入鱼皮微火煮入味，水淀粉勾芡，淋入香油，出锅装盘即可。

椒盐鱼米

[原料]

净鱼肉500克，青椒末、红椒末、洋葱末各10克，蛋清1个

[调料]

姜末、蒜末、胡椒粉、芝麻、香油、椒盐、淀粉、色拉油、盐各适量

[制作方法]

1. 净鱼肉切见方的小丁，加椒盐、盐、蛋清、淀粉拌匀，待用。

2. 锅入油烧至六成热，放入处理好的鱼丁炸至外焦里嫩、色泽浅黄，捞出沥油。

3. 锅留底油烧热，放入胡椒粉、芝麻、姜末、蒜末炒香，下鱼丁略翻炒，淋香油，撒上青椒末、红椒末、洋葱末即可。

泼辣鱼糕

[原料]

鱼糕300克，芹菜、粉条各50克，榨菜20克

[调料]

葱花、姜末、野山椒、熟白芝麻、辣椒油、香油、干辣椒、清汤各适量

[制作方法]

1. 鱼糕改刀成片。芹菜洗净，切段。野山椒切沫。粉条泡软。

2. 将粉条煮熟，控水，放入容器里，上面放入芹菜段、榨菜。

3. 锅入油烧热，放入野山椒、姜末炒香，倒入清汤、鱼糕片、芹菜段、粉条、榨菜调味，煮熟。

4. 锅放入辣椒油烧热，放入干辣椒段炸出香味，浇在碗中原料上，撒上熟白芝麻、葱花即可。

咸鱼蒸白菜

[原料]

白菜、咸鲅鱼各200克

[调料]

葱花、姜丝、红椒圈、酱油、熟猪油、料酒各适量

[制作方法]

1. 咸鲅鱼洗净，切块，放入热油锅中略炸，捞出，沥油。

2. 白菜洗净，切粗条，放入碗中。

3. 将炸好的咸鱼块放在碗中白菜上，加姜丝、红椒圈放在上面，淋上料酒、熟猪油、酱油，放入蒸笼中，中火蒸20分钟，出锅撒葱花即可。

干锅鱼杂

[原料]

鱼杂（鱼肚、鱼子、鱼油）600克，南豆腐200克，美人椒段30克

[调料]

葱花、葱段、干红椒、辣椒酱、花椒、料酒、白酒、植物油、醋、盐各适量

[制作方法]

1. 鱼杂洗净，沥干水分。干辣椒洗净，掰碎。豆腐切成方块，放入沸水中汆烫1分钟捞出。

2. 锅入油烧热，入鱼肚、鱼油翻炒，加葱段、干辣椒、花椒、料酒炒匀，加鱼子、豆腐块翻炒，加水烧开，加盐、辣椒酱、白酒、醋。加美人椒段炖至汤汁浓稠，撒香菜段即可。

辣烧大虾白菜

[原料]

对虾500克，白菜200克

[调料]

葱段、姜片、辣椒段、食用油、辣椒油、料酒、盐各适量

[制作方法]

1. 对虾洗净，去虾线、虾须。白菜洗净，撕成小块。

2. 锅入油烧热，下入葱段、姜片、辣椒段炝锅，放入对虾煎出虾油，烹料酒，倒入白菜翻炒两分钟，加盐调味，汤汁收浓，淋辣椒油，出盘即可。

崂山茶香虾

[原料]

对虾300克，绿茶10克

[调料]

椒盐、食用油、料酒、白糖各适量

[制作方法]

1. 取绿茶少许，用沸水泡好，挤干水分备用。虾洗净，剪去虾枪、虾须，挑去虾线，加料酒腌渍五分钟。

2. 锅入油烧热，放入对虾，中火炸至酥脆，捞出沥油。

3. 锅留底油，倒入茶叶，文火炸香，放入炸好的虾一起翻炒，加椒盐、白糖调味，装盘即可。

金沙基围虾

[原料]

基围虾400克

[调料]

葱末、姜末、炸蒜末、干辣椒、豆豉、胡椒粉、植物油、白糖、盐各适量

[制作方法]

1. 基围虾洗净，剪去虾枪、虾须，挑去虾线，加胡椒粉、植物油、白糖、盐腌渍入味，入油锅炸至皮脆，捞出。

2. 另起锅，入油烧热，放入葱末、姜末爆香，加豆豉、干辣椒、炸蒜末调味，最后放入炸好的虾炒匀，出锅即可。

香辣大虾

[原料]

大虾300克

[调料]

葱段、郫县豆瓣、胡椒面、干淀粉、清汤、酱油、料酒、盐各适量

[制作方法]

1. 大虾洗净，去虾线，加料酒、盐、胡椒面码味，裹上干淀粉。

2. 锅入油烧热，放入下片炸至呈蛋黄色，捞出。锅留余油，放入葱段炒软，倒入碗内。

3. 锅入油烧热，下郫县豆瓣炒至呈红色，加汤稍煮，撇去豆瓣渣，放入虾、葱段，加酱油烧透入味，将汁收干亮油，起锅晾凉，浇上炒虾的油汁即可。

巴蜀香辣虾

[原料]

鲜虾400克，芹菜段30克，熟白芝麻10克

[调料]

葱段、姜片、蒜片、干辣椒段、剁椒酱、辣椒油、食用油、料酒、白糖、盐各适量

[制作方法]

1. 鲜虾洗净，去掉虾须、虾线，入热油锅中略炸，捞出沥油。

2. 锅中留油烧热，放入葱段、姜片、蒜片、剁椒酱、料酒、干辣椒段爆香，再放入芹菜段、炸好的虾，加盐、白糖调味，淋入辣椒油，撒上熟白芝麻炒匀，出锅装盘即可。

干锅香辣虾

[原料]

南极虾350克，芹菜、胡萝卜、莴笋各100克

[调料]

葱花、姜片、香叶、香辣酱、豆瓣酱、辣椒油、白糖、盐各适量

[制作方法]

1. 南极虾洗净，去掉虾须、虾线。
2. 莴笋、胡萝卜、芹菜分别洗净，切段。香辣酱、豆瓣酱分别剁碎。锅入油烧热，下入虾爆至外表发白，捞出。
3. 锅留余油，放入葱花、姜片、香辣酱、豆瓣酱、香叶煸出油，入辣椒油、白糖、盐，放入胡萝卜段、莴笋段、芹菜段、虾炒匀即可。

盆盆香辣虾

[原料]

大虾300克，土豆、香芹、油炸花生米各100克

[调料]

葱段、姜片、蒜片、红椒、干辣椒段、芝麻、料酒、白糖、盐各适量

[制作方法]

1. 土豆洗净，去皮，切条。红椒切条。香芹切段。鲜虾洗净，去虾线，加料酒、盐腌渍10分钟。
2. 锅入油烧热，放入虾炸黄，沥油。土豆条入油锅炸熟，沥油。
3. 锅留油烧热，炒香蒜片、干辣椒段、姜片，下香芹段、红椒条、虾、土豆条、白糖、盐、葱段、油炸花生米、芝麻炒匀即可。

蒜葱爆麻虾

[原料]
鲜虾300克

[调料]
葱段、蒜片、麻辣鲜露、食用油、料酒、盐各适量

[制作方法]
1. 鲜虾洗净，去虾须、虾线，虾背划一刀，入热油中略炸，捞出沥油。
2. 锅中留油烧热，放蒜片、料酒炒香，放入炸好的虾，加麻辣鲜露、盐调味，放入葱段，旺火翻炒出葱香味，出锅即可。

脆香大虾衣

[原料]
鲜虾壳200克，玉米片200克，青红椒丁20克

[调料]
椒盐、干淀粉、食用油、料酒、盐各适量

[制作方法]
1. 鲜虾壳洗净，加盐、料酒拌匀，拍匀干淀粉。
2. 锅入油烧热，放入鲜虾壳炸至酥脆，捞出沥油。玉米片入热油锅中炸至酥脆，呈金黄色，捞出沥油。
3. 锅中留油烧热，放入青红椒丁爆锅，倒入炸好的虾壳、玉米片，撒椒盐翻匀出锅即可。

煎巨大虾

[原料]

对虾400克

[调料]

番茄酱、食用油、香油、料酒、白糖、盐各适量

[制作方法]

1. 对虾洗净，去虾线、虾须，放入热油锅中略炸，捞出沥油。

2. 锅中留油烧热，放入番茄酱爆香，加料酒、白糖、盐、清水，放入对虾烧5分钟，待锅中汤汁浓稠，淋香油出锅即可。

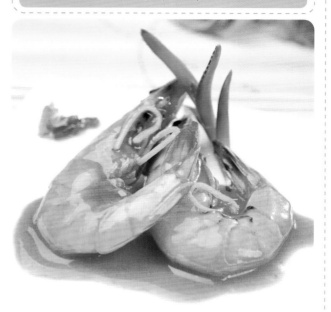

油焖杞子大虾

[原料]

对虾400克，枸杞10克

[调料]

葱段、姜片、食用油、酱油、料酒、白糖、盐各适量

[制作方法]

1. 对虾洗净，去虾线、虾须，入热油锅中略炸，捞出沥油。

2. 锅中留油烧热，放入葱段、姜片、料酒、酱油爆锅，倒入清水烧开，放入大虾、枸杞，加盐、白糖调味，旺火盖上锅盖焖烧，中间淋少许热油，收汁，出锅即可。

泡菜炒河虾

[原料]

河虾300克，四川泡菜100克

[调料]

葱末、姜末、青红椒、胡椒粉、植物油、酱油、料酒、白糖、盐各适量

[制作方法]

1. 河虾剪须足，去泥肠，加入葱末、姜末、料酒腌10分钟。四川泡菜切成小粒。青红椒洗净，切成小粒。
2. 锅入油烧热，放入河虾，炸至变红、壳酥，捞出。
3. 锅入油烧热，放入葱末、姜末爆香，下泡菜、青红椒粒、炸好的河虾，烹入料酒、胡椒粉、酱油、盐、白糖炒匀即可。

萝卜干烧河虾

[原料]

河虾150克，萝卜干100克

[调料]

葱末、姜末、红椒、鱼露、高汤、生抽、料酒、白糖、盐各适量

[制作方法]

1. 河虾洗净，剪去虾枪、虾须。红椒洗净，切碎。
2. 锅内放油烧热，加入河虾滑炒，盛出。
3. 锅留底油烧至五成热，放入葱末、姜末、红椒煸香，下入虾、萝卜干翻炒，调入盐、白糖，烹料酒、生抽、鱼露、高汤，炖煮5分钟，出锅即可。

Part
4

小菜凉吃，
幸福简单

XIAO CAI LIANG CHI XING FU JIAN DAN

珊瑚白菜

[原料]

白菜200克，青椒、冬笋、香菇各25克

[调料]

油、白糖、醋、盐、葱姜丝、红油各适量

[制作方法]

1. 青椒、冬笋、香菇切成丝，焯透，用冷水过凉。

2. 锅加油烧热，放入葱姜丝、青椒丝、冬笋丝、香菇丝煸炒，下白糖、醋、盐，炒熟后盛出备用。

3. 白菜洗净，切条，用开水焯透，过凉，控干水分，放入盐、醋、白糖搅匀，淋红油，将炒好的各丝放到白菜上拌匀即可。

菜心拌蜇皮

[原料]

海蜇皮350克，大白菜心100克，红椒丝适量

[调料]

白醋、白糖、盐、鸡精、芝麻油各适量

[制作方法]

1. 海蜇皮洗净，切丝；白菜心切丝，与红椒丝、海蜇皮丝一起放入小盆内。

2. 将白醋、白糖、鸡精、芝麻油拌匀，淋在盆中原料上，再撒盐拌匀即可。

果汁白菜心

[原料]

白菜心200克，嫩香菜梗段、红柿子椒各50克

[调料]

熬浓的橘子汁、盐、白糖各适量

[制作方法]

1. 白菜心洗净，切丝。红柿子椒去蒂、籽洗净，切丝。

2. 将白菜心、红柿子椒丝、香菜梗段用盐腌20分钟，控出盐水，加入熬浓的橘子汁、白糖拌匀，放冰箱冷藏室内冷藏数小时后即可食用。

凉拌白菜

[原料]

白菜叶300克，胡萝卜、黑木耳各10克

[调料]

香油、生抽、醋、白糖、盐各适量

[制作方法]

1. 白菜叶、胡萝卜分别洗净，切丝，加少许盐腌渍备用。

2. 黑木耳泡发洗净，切丝，入沸水锅中焯3分钟，捞出沥干水，和白菜丝、胡萝卜丝一起放入碗中。

3. 取一小碗，将香油、生抽、醋、白糖、盐调匀成味汁，淋入碗中，拌匀装盘即可。

脆口白菜

[原料]

大白菜帮200克

[调料]

干辣椒、花椒、精炼油、芥末油、盐各适量

[制作方法]

1. 大白菜帮洗净，斜刀切成长8厘米、厚0.2厘米的片，用盐腌渍5分钟，备用。干辣椒洗净，切段。

2. 锅入油烧热，下入干辣椒段、花椒炒至成泡油，倒入碗中。

3. 将白菜片放入盆中，加入盐、泡油、芥末油拌匀，装盘即可。

柠檬汁拌白菜心

[原料]

嫩白菜心500克，黄瓜、胡萝卜各20克

[调料]

柠檬汁、白糖、盐各适量

[制作方法]

1. 白菜心洗净，切丝。黄瓜洗净，切丝。胡萝卜去皮洗净，切丝。

2. 将白菜心丝、黄瓜丝、胡萝卜丝放入碗中，调入盐腌渍10分钟，沥去水分。

3. 再加入柠檬汁、白糖调味，拌匀即可。

糖醋辣白菜

[原料]
嫩白菜心750克，干红辣椒25克，香菜段10克

[调料]
葱丝、花生油、醋、白糖、盐各适量

[制作方法]

1. 白菜心洗净，切丝，用盐腌渍5分钟，攥干水分，放入碗中。
2. 干红辣椒洗净，沥干水分，切成细丝，备用。
3. 锅入油烧热，放入干红辣椒丝下锅炒至深红色，下入葱丝稍炒，倒入碗中，加入白糖、盐、醋拌匀，浇在白菜丝上，撒香菜段拌匀即可。

芥末白菜墩

[原料]
大白菜500克

[调料]
芥末、米醋、白糖、盐各适量

[制作方法]

1. 大白菜切去老根，冲洗干净，切成长圆墩状。
2. 锅入开水烧沸，将白菜墩逐段放入漏勺中，用开水浇烫几次。
3. 烫过的白菜沥干水分，码成圆墩型，放入盘中，撒上盐、芥末、白糖，浇入米醋，密封后焖腌15分钟，装盘即可。

五丝白菜

[原料]

白菜400克，青红椒100克，冬笋100克，香菇50克

[调料]

干辣椒、葱、姜、盐、白糖、醋、植物油各适量

[制作方法]

1. 青红椒、干辣椒、冬笋、香菇洗净，切丝，放在油锅中煸炒，调入白糖、醋、盐炒熟。

2. 干辣椒用热油炸出红油，盛盘。

3. 白菜去老叶，切成四块，洗净，用沸水焯透，过凉，控干水分，放入盐、白糖、醋拌匀，再浇上红油，将炒好的五丝放到白菜上即可。

圆白菜卷肉

[原料]

熟猪里脊丝100克，圆白菜200克，胡萝卜丝、青椒丝各50克

[调料]

香油、盐各适量

[制作方法]

1. 胡萝卜丝、青椒丝放入沸水锅中焯水，捞出，沥干水分，装入盘中，加入熟猪里脊丝、盐拌匀。

2. 将圆白菜洗净，放入沸水锅中焯水，捞出，沥干水分，平铺在案板上，抹上香油，放入拌好的原料卷成卷，用刀斜切成段，装盘即可。

椒香圆白菜

[原料]

圆白菜300克

[调料]

花椒、麻油、植物油、酱油、醋、
白糖、盐各适量

[制作方法]

1. 圆白菜择洗干净，切成小块，放
   入沸水中焯熟，取出过凉。

2. 取一小碗，放入圆白菜块，加入
   麻油、白糖、醋、酱油、盐搅拌
   均匀。

3. 锅入植物油烧热，下入花椒粒炸
   出香味，倒在圆白菜块上，拌匀
   即可。

麻辣白菜卷

[原料]

圆白菜500克，干红辣椒10个

[调料]

花椒、花生油、盐各适量

[制作方法]

1. 将圆白菜一片片从根部掰下来，
   洗净沥干。干红辣椒洗净，切成
   小节。

2. 锅入油烧热，放入干红辣椒节、
   花椒炸出香味，放入圆白菜煸
   炒，加入盐调味，待菜叶稍软，
   盛入碟中，晾凉。

3. 将菜叶卷成笔杆形，切成小节，
   码入盘中即可。

炝圆白菜

[原料]

圆白菜500克，干红辣椒30克

[调料]

植物油、醋、酱油、白糖、盐各适量

[制作方法]

1. 圆白菜洗净，沥干水分。干红辣椒洗净，切丝。

2. 锅入油烧热，下入圆白菜快速翻炒，加入盐、酱油、白糖炒至断生，加入醋炒匀，盛出。

3. 另起锅入油烧热，放入干红辣椒丝炝一下，捞出。

4. 将圆白菜依次叠放，切成三角形，放几根干红辣椒丝，装盘即可。

青椒炝菜丁

[原料]

圆白菜200克，青尖椒、红尖椒各50克

[调料]

豆豉、花椒、植物油、盐各适量

[制作方法]

1. 圆白菜洗净，切成丁。青尖椒洗净，切丁。红尖椒洗净，切段。

2. 锅入油烧热，放入红尖椒段、青尖椒丁、花椒、豆豉炝炒出香味，再放入圆白菜丁、盐炝炒入味，装盘即可。

蛋黄菜卷

[原料]
圆白菜叶150克，咸蛋黄400克

[制作方法]

1. 圆白菜叶洗净，放入沸水锅中焯水，捞出。咸蛋黄拍开，剁茸，压成泥。

2. 将咸蛋黄放在圆白菜叶上卷紧，上蒸笼蒸熟，晾凉，切成小段状，装盘即可。

红椒拌圆白菜

[原料]
圆白菜200克，红杭椒100克

[调料]
葱段、蒜末、辣椒油、生抽、白糖、盐各适量

[制作方法]

1. 圆白菜洗净，撕成片，用盐腌渍5分钟，冲水沥干。红杭椒洗净，去籽切段。

2. 取一大碗，放入圆白菜片、红杭椒段，加入蒜末、葱段、生抽、白糖、盐，淋辣椒油拌匀，装盘即可。

什锦圆白菜

[原料]

圆白菜300克，鲜香菇100克，红辣椒20克

[调料]

姜丝、香油、盐各适量

[制作方法]

1. 圆白菜洗净，撕块，入沸水锅中焯水，捞出，沥干水分。鲜香菇洗净，切条，放入沸水中焯熟，冲凉，切块。红辣椒洗净，切丁。

2. 将圆白菜块、香菇块放入碗中，加入红辣椒丁、姜丝、盐拌匀，淋上香油即可。

花生拌圆白菜

[原料]

圆白菜1棵，蒜味花生米30克，蒜苗30克

[调料]

盐、香油、辣豆瓣、芝麻酱汁、葱各适量

[制作方法]

1. 蒜味花生米切碎，备用。

2. 圆白菜、蒜苗、葱均洗净，切丝，放在碗中，加盐、香油拌匀，入冰箱冰镇2小时后取出，加碎花生米、辣豆瓣、芝麻酱汁略拌一下即可。

咸糖醋辣芹菜

[原料]
芹菜300克，红辣椒丝各10克

[调料]
姜末、花椒油、醋、白糖、盐各适量

[制作方法]
1. 芹菜择叶洗净，切段，焯水冲凉，沥干水分。
2. 芹菜段放入碗中，放入盐、醋、白糖、姜末、红辣椒丝，淋上花椒油拌匀，装盘即可。

咸芝麻芹菜丁

[原料]
芹菜300克，熟白芝麻10克

[调料]
姜末、花椒油、盐各适量

[制作方法]
1. 芹菜择叶，洗净，切丁，焯水冲凉，沥干水分。
2. 将芹菜丁加入盐、姜末、熟白芝麻，淋上花椒油，搅拌均匀，装盘即可。

酸辣西芹百合

原料

西芹300克，百合100克，辣椒丝10克

调料

辣椒油、醋、盐各适量

制作方法

1. 芹菜择叶洗净，切条，放入沸水中焯水，冲凉，沥干水分。百合瓣散，洗净。

2. 将西芹条、百合放入碗中，加入盐、醋、辣椒丝拌匀，淋辣椒油，装盘即可。

红椒拌芹菜

原料

嫩芹菜200克，鲜红辣椒100克

调料

姜末、花椒油、盐各适量

制作方法

1. 芹菜去叶，洗净，切成5厘米长的段，用沸水烫一下，捞出放凉，沥干水分。

2. 鲜红辣椒洗净，去蒂、子，切成细丝。

3. 将芹菜段摆入盘中垫底，放入红辣椒丝，加入盐、姜末，淋花椒油，拌匀即可。

拌脆芹菜

[原料]

芹菜400克

[调料]

花椒、蒜末、姜末、花生油、盐各
适量

[制作方法]

1. 芹菜择叶洗净，切段，放入沸水
   中焯水，冲凉，沥干水分。

2. 将花椒、蒜末、姜末放入碗中，
   锅入花生油烧热，浇入碗中，待
   出香味。

3. 将芹菜段放入盐，倒入浇油碗
   中，拌匀装盘即可。

芹黄拌海米

[原料]

芹黄200克，海米30克

[调料]

香油、盐各适量

[制作方法]

1. 芹黄择洗干净，切段，放入沸水
   锅中，焯水，捞出过凉，沥干。

2. 海米用温水泡洗干净，捞出沥
   干。

3. 将芹黄段、海米放入盛器中，加
   盐、香油拌匀即可。

海蜇皮拌芹菜

[原料]
芹菜300克，水发海蜇皮50克

[调料]
盐、白糖、醋各适量

[制作方法]
1. 芹菜洗净，去叶、粗筋，切段，在开水中焯一下，捞出控干。
2. 将海蜇皮反复搓洗干净，切成细丝。
3. 芹菜、海蜇皮一起放入大碗内，加入盐、白糖、醋，拌匀即可。

鸡丝拌芹菜

[原料]
鸡脯肉100克，芹菜200克

[调料]
盐、芝麻油各适量

[制作方法]
1. 鸡脯肉洗净，煮熟，撕成细丝。
2. 芹菜择洗干净，切段，入沸水中焯一下，沥干水分。
3. 芹菜盛入大碗中，加入鸡丝、盐、芝麻油，拌匀即可。

凉拌番茄

[原料]

番茄400克，洋葱100克

[调料]

胡椒粉、香油、醋、白糖、盐各适量

[制作方法]

1. 番茄放入沸水锅中烫一下，剥去皮，切成厚0.6厘米的橘瓣状，码入盘中。

2. 洋葱去皮洗净，切细丝，用沸水烫一下，沥干，放入盘中，撒上盐、胡椒粉、白糖、醋拌匀，放入冰箱冷藏室中腌渍3分钟，淋香油，装盘即可。

番茄三丝

[原料]

番茄200克，白萝卜、莴笋、火腿各100克

[调料]

香油、醋、白糖、盐各适量

[制作方法]

1. 白萝卜、莴笋分别去皮，洗净，切丝。火腿切成细丝。番茄洗净，切成小块。

2. 将番茄块、白萝卜丝、莴笋丝、火腿丝放入盘中，加入盐、香油、白糖、醋，拌匀即可。

番茄芝士色拉

[原料]

奶酪5片，番茄1个，芹菜丝50克，核桃50克

[调料]

橄榄油、白醋、盐各适量

[制作方法]

1. 将奶酪片用模具制成圆形，番茄切成圆片。

2. 将番茄片、奶酪片交替叠放在盘中。

3. 将橄榄油、白醋加盐制成汁，浇在番茄、奶酪上，加核桃、芹菜丝稍加装饰即可。

糖拌番茄

[原料]

番茄4个

[调料]

绵白糖适量

[制作方法]

将番茄洗净，用开水烫一下，去蒂和皮，一切两半，再切成月牙块，装入盘中，加白糖，拌匀即可。

辣炝花菜

[原料]
菜花300克，红小米辣30克，干辣椒
10克

[调料]
葱末、花椒、花生油、盐各适量

[制作方法]

1. 菜花掰成小朵洗净，焯水冲凉，
   沥干水分，装入碗中。小米辣洗
   净，切粒。
2. 锅入油烧热，放入花椒、干辣椒
   炸出香味，备用。
3. 将小米辣粒、香葱末放入菜花
   中，加入盐调味，倒入炸好的辣
   椒油，拌匀即可。

酸辣炝双花

[原料]
菜花、西蓝花、青椒各150克，干
辣椒50克

[调料]
麻油、醋、盐各适量

[制作方法]

1. 菜花、西蓝花分别掰成小朵，洗
   净，放入沸水中焯熟。青椒洗
   净，切节。干辣椒洗净，切丝。
2. 将菜花、西蓝花、青椒节放入碗
   中，加入盐、醋调匀。
3. 锅入油烧热，下入干辣椒丝炸
   香，浇入碗中，拌匀即可。

红乳菜花

[原料]

菜花400克

[调料]

南乳、花椒油各适量

[制作方法]

1. 菜花掰成小朵，洗净，焯水冲凉，沥干水分，放入盘中。

2. 南乳压成泥，加入腐乳汁调成料汁，浇在菜花上，搅拌均匀，淋上花椒油即可。

椒油西蓝花

[原料]

西蓝花150克，红辣椒20克

[调料]

蒜末、花椒油、醋、盐各适量

[制作方法]

1. 西蓝花掰成小块，洗净，放入沸水锅中焯熟，放入凉水过凉，捞出沥水，放入盘中。红辣椒洗净，切细粒。

2. 将花椒油、蒜末、盐、醋倒入碗内调成汁，浇在西蓝花上，撒上红辣椒粒，拌匀即可。

热炝菠菜

[原料]
菠菜400克，干辣椒10克

[调料]
花生油、盐各适量

[制作方法]
1. 菠菜去根洗净，焯水冲凉，沥干水分。干辣椒洗净，切成小段，放入碗中备用。
2. 锅入油烧至七成热，倒入盛放干辣椒的碗中，炝出辣香味。
3. 菠菜加入盐，倒入干辣椒油搅拌均匀，装盘即可。

云丝炝菠菜

[原料]
菠菜200克，蛋皮50克，干辣椒、豆腐皮丝各50克

[调料]
盐适量

[制作方法]
1. 菠菜、豆腐皮丝择洗干净，切段，放沸水锅中略焯，捞出过凉。蛋皮切丝。干辣椒洗净，切段。
2. 将菠菜段、蛋皮丝、豆腐皮丝加盐，拌匀，装入盘中。
3. 锅入油烧热，放入干辣椒段炸香，浇在菠菜上，拌匀即可。

芥末拌菠菜

[原料]

菠菜500克

[调料]

芥末油、香油、盐各适量

[制作方法]

1. 菠菜择洗干净，切成1.5厘米长的段，放入沸水锅中焯熟，捞出，入凉水过凉。

2. 将菠菜加入芥末油、香油、盐，搅拌均匀，装盘即可。

虾皮拌菠菜

[原料]

嫩菠菜300克，小虾皮50克

[调料]

姜末、香油、醋、白糖、盐各适量

[制作方法]

1. 虾皮用沸水浸泡10分钟，捞出沥干水分。菠菜洗净，切成段，放入沸水锅中略烫，迅速捞出，沥干水分，放入盘中。

2. 将虾皮、盐、白糖、醋、姜末放入小碗中拌匀，倒在菠菜上，淋上香油，拌匀即可。

蛋皮拌菠菜

[原料]

菠菜250克，鸡蛋2个

[调料]

葱丝、姜丝、花椒、水淀粉、香油、盐各适量

[制作方法]

1. 菠菜洗净，捞出沥干水分。鸡蛋磕入碗中，加盐、水淀粉搅匀，放入油锅中摊成蛋皮，切丝。

2. 菠菜入沸水焯软，捞出过凉，加入盐、葱丝、蛋皮丝、姜丝拌匀。

3. 锅入香油烧热，加入花椒，煸炒出香味，捞出花椒，淋浇在菠菜上，加入蛋皮丝拌匀即可。

姜汁拌菠菜

[原料]

菠菜1000克

[调料]

姜末、香油、醋、酱油、盐各适量

[制作方法]

1. 菠菜择洗干净，切段。

2. 锅中加入适量清水烧沸，放入菠菜煮熟，捞出，沥干水分，装盘晾凉。

3. 将姜末、醋、酱油、盐放入碗中调匀，浇在菠菜上拌匀，淋上香油即可。

四宝菠菜

[原料]

菠菜150克，花生仁100克，瓜子仁、核桃仁、十八街麻花末各50克

[调料]

盐、醋各适量

[制作方法]

1. 菠菜洗净，菠菜根切成小粒，菠菜叶切成小块。

2. 锅入水烧开，入菠菜焯1分钟，出锅，备用。

3. 菠菜放入盆中，先撒上掰碎的核桃仁，再放少许瓜子仁、花生仁，最后撒上十八街麻花末，加盐、醋调味，搅拌均匀即可食用。

鲜辣韭菜

[原料]

韭菜300克，鲜辣椒丁20克

[调料]

姜末、辣椒油、盐各适量

[制作方法]

1. 韭菜洗净，用沸水烫一下，冲凉沥干，切粗粒。

2. 韭菜粒放入碗中，加入姜末、辣椒丁、盐，淋辣椒油拌匀，装盘即可。

韭薹拌火腿

[原料]

韭薹300克，火腿50克

[调料]

花椒油、白糖、盐各适量

[制作方法]

1. 韭薹择去老根，洗净，加入沸水
   中焯水，捞出沥水，切段。火腿
   切成丝。

2. 韭薹段、火腿丝放入碗中，加入
   白糖、盐调味，淋花椒油，拌匀
   即可。

腌拌菊花萝卜

[原料]

白萝卜300克，胡萝卜50克，青杭
椒、红杭椒各10克

[调料]

香油、盐各适量

[制作方法]

1. 白萝卜洗净去皮，切成大方块，
   然后切十字花刀，切至原料四分
   之三，不要切断。胡萝卜洗净，
   切块。青杭椒、红杭椒分别洗
   净，斜小段。

2. 白萝卜块、胡萝卜块，加盐腌渍
   5分钟，冲水沥干，放入碗中，
   加入青杭椒段、红杭椒段，加入
   盐调味，淋香油，拌匀即可。

开胃拌萝卜

[原料]
白萝卜300克，胡萝卜100克

[调料]
干辣椒、白醋、白糖、盐各适量

[制作方法]

1. 白萝卜、胡萝卜分别洗净去皮，切方丁，用盐腌渍10分钟，冲水，沥干水分。干辣椒洗净，切段。

2. 将白萝卜丁、胡萝卜丁放入碗中，加入盐、白糖、白醋、干辣椒段，均匀即可。

爽口萝卜

[原料]
白萝卜300克，黄菜椒条、青菜椒条各50克

[调料]
花椒油、盐各适量

[制作方法]

1. 白萝卜洗净，去皮切条，加盐腌渍，冲水沥干。

2. 黄菜椒条、青菜椒条放入沸水中焯水，冲凉沥干。

3. 将白萝卜条、黄菜椒条、青菜椒条放入碗中，加入盐，淋上花椒油，拌匀即可。

甜酸萝卜条

[原料]

白萝卜400克

[调料]

干辣椒丝、白醋、白糖、盐各适量

[制作方法]

1. 白萝卜去皮洗净，切成长条，加入盐腌渍15分钟，冲水，沥干水分，备用。

2. 白萝卜条放入碗中，加入白醋、白糖、干辣椒丝腌渍20分钟，装盘即可。

酱萝卜条

[原料]

白萝卜400克

[调料]

酱油、白糖、盐各适量

[制作方法]

1. 白萝卜洗净去皮，切成长条，加入盐，腌渍出水后洗净，沥干水分，备用。

2. 萝卜条放入碗中，加上酱油、盐、白糖调味，腌泡15分钟，捞出装盘即可。

冰镇小红丁

[原料]
小红萝卜200克

[调料]
刨冰水、冰糖各适量

[制作方法]

1. 红萝卜洗净，切去根、梗，改十字花刀，放入刨冰水，放入冰箱冷冻15分钟。
2. 冰糖用温水化开，晾凉。
3. 将红萝卜取出，浇上冰糖水，放入器皿中即可。

利水萝卜丝

[原料]
红心萝卜200克

[调料]
辣椒油、香油、芝麻、盐各适量

[制作方法]

1. 红心萝卜去皮洗净，切成长10厘米、粗0.2厘米的细丝，用盐微腌，冲水沥干。
2. 将萝卜丝放入盆中，淋香油、辣椒油，撒上芝麻，拌匀即可。

香油双色萝卜

[原料]
红心萝卜200克，白萝卜150克

[调料]
香菜段、姜丝、花椒、香油、醋、盐各适量

[制作方法]

1. 红心萝卜、白萝卜洗净，切细丝，加少许盐腌5分钟，沥干水分，盛入盘中。
2. 锅入香油烧热，放入花椒稍炸，捞去花椒，下入姜丝爆锅，加适量水、盐、醋调匀，浇到萝卜丝上拌匀，撒香菜段即可。

麻辣萝卜丝

[原料]
红心萝卜300克

[调料]
辣椒油、香油、酱油、花椒油、盐各适量

[制作方法]

1. 红心萝卜洗净，切成细丝，加少许盐拌匀，腌5分钟，冲水沥干，放入盘中。
2. 将酱油、辣椒油、香油、盐、花椒油调匀成调味汁，浇在萝卜丝上，拌匀即可。

凉拌三丝

[原料]

胡萝卜100克，豆皮、粉丝各100克

[调料]

香菜段、干辣椒、花椒、香油、
醋、生抽、白糖、盐各适量

[制作方法]

1. 胡萝卜洗净，切丝。豆皮切丝。
   粉丝放入温水泡发。干辣椒洗
   净，切段。

2. 锅入香油烧热，放入干辣椒段、
   花椒炸至变色，备用。

3. 取一只碗，放入胡萝卜丝、豆皮
   丝、粉丝、香菜段，调入生抽、
   醋、白糖、香油、盐拌匀，浇上
   炸好的花椒油即可。

胡萝卜色拉

[原料]

胡萝卜150克，土豆60克，红腰豆、
青豆各25克，鸡蛋2个

[调料]

色拉油、白醋、白糖、盐各适量

[制作方法]

1. 胡萝卜洗净去皮，切丁。土豆洗
   净去皮，煮熟，切丁。青豆、红
   腰豆煮熟。胡萝卜丁、土豆丁、
   青豆、红腰豆放入盆中，备用。

2. 鸡蛋去清留黄，放入碗中，加入
   盐、白糖，用竹筷搅匀，加入色
   拉油，至色拉油和蛋黄融为糊
   状，再滴入白醋，倒入装有原料
   的盆中，调入盐、醋、色拉油，
   拌匀即可。

双椒拌薯丝

[原料]

土豆300克，青辣椒200克，红辣椒100克

[调料]

醋、白糖、盐各适量

[制作方法]

1. 青辣椒、红辣椒分别去蒂、子洗净，切成细丝。

2. 土豆削去皮洗净，切成细丝。

3. 锅入清水烧沸，放入土豆丝焯熟，放入冷水泡凉，捞出，装入盆中，放入青辣椒丝、红辣椒丝，调入白糖、盐、醋，拌匀即可。

香拌土豆泥

[原料]

土豆300克

[调料]

葱花、蒜末、植物油、白糖、盐各适量

[制作方法]

1. 土豆去皮洗净，放入蒸锅中蒸熟，压成泥。

2. 锅入油烧热，下入蒜末、葱花炸至呈金黄色，捞出。

3. 将土豆泥中加入盐、白糖调味，再撒上炸好的蒜末、葱花拌匀，装入器皿中即可。

芹菜拌土豆丝

[原料]

土豆200克，西芹50克

[调料]

植物油、花椒、盐各适量

[制作方法]

1. 土豆去皮洗净，切丝，放入沸水中焯熟，放入冷水泡凉，捞出。西芹洗净，斜刀切成丝，放入沸水中焯熟，放入冷水泡凉，捞出。

2. 锅入油烧热，下入花椒炸香，成花椒油。

2. 取一只碗，放入西芹丝、土豆丝，加入盐调味，浇上花椒油，拌匀即可。

香菜拌土豆丝

[原料]

土豆丝250克

[调料]

香菜段、熟黑芝麻、蒜末、辣椒油、盐各适量

[制作方法]

1. 土豆丝用凉水洗一下，捞出沥干，放入沸水中烫至断生，捞出投凉，沥干水分。

2. 土豆丝放入碗中，加入蒜末、盐、香菜段、辣椒油拌匀，撒上熟黑芝麻，装盘即可。

橙汁山药

[原料]
山药、圣女果各200克

[调料]
蜂蜜、橙汁、白糖各适量

[制作方法]

1. 圣女果洗净，切成方块，铺在盘底。

2. 山药去皮洗净，切成片状，放入沸水锅中焯熟，捞出，过凉，沥干水分，放入橙汁、白糖中泡制入味，摆放到圣女果上，淋上蜂蜜，装盘即可。

蓝莓雪山

[原料]
山药200克，黄瓜20克

[调料]
马蹄粒、卡夫奇妙酱、蓝莓酱各适量

[制作方法]

1. 山药去皮洗净，放入锅中蒸熟，捣成山药泥，加入马蹄粒，搅拌均匀。黄瓜洗净，切成片。

2. 山药泥中加入卡夫奇妙酱调匀成糊状，放入盘中，堆成雪山状。

3. 将黄瓜片剞成兰花叶形状，摆入盘中，浇上蓝莓酱即可。

海米拌茄子

原料

长茄条500克，海米50克，青椒末、红椒末各20克

调料

蒜末、香油、酱油各适量

制作方法

1. 茄子切去两头，隔水蒸熟，撕成粗条，切成7厘米长的段，装入盘中。

2. 将海米、蒜末、青椒末、红椒末依次摆放在茄子上。

3. 酱油、香油放入碗中调匀，浇在茄子上即可。

凉拌茄子

原料

茄子400克，青椒末20克

调料

蒜泥、蚝油、辣椒油、生抽、白糖、盐各适量

制作方法

1. 茄子洗净，切成长段，放入蒸锅中蒸制4分钟，出锅晾凉，装入盘中。

2. 青椒末、蒜泥、生抽、蚝油、白糖、辣椒油、盐调匀成味汁。

3. 将调制好的味汁浇在蒸熟的茄子上，拌匀即可。

蒜泥浇茄子

[原料]

茄子500克

[调料]

蒜泥、辣椒油、香油、醋、酱油、
盐各适量

[制作方法]

1. 茄子去皮洗净，切成长块，放入
   蒸锅中蒸熟，摆入盘中。
2. 将蒜泥、辣椒油、香油、醋、酱
   油、盐调匀，浇在茄子上，拌匀
   即可。

怪味苦瓜

[原料]

苦瓜400克

[调料]

葱花、姜末、蒜末、辣椒油、豆豉、
植物油、香油、醋、白糖、盐各适量

[制作方法]

1. 苦瓜洗净剖开，去掉瓜瓤，切成
   长条，放入沸水锅中煮至断生，
   捞出，过凉，沥干水分，撒上
   盐、香油上碟。
2. 锅入油烧热，下入葱花、姜末、
   蒜末、辣椒油、豆豉、香油、白
   糖、醋、盐炒香，淋在苦瓜上拌
   匀，装盘即可。

芝麻拌苦瓜

[原料]

苦瓜400克，熟白芝麻15克

[调料]

蒜末、香油、白糖、盐各适量

[制作方法]

1. 苦瓜洗净，从中间切开，去籽，切成片，放入沸水锅中焯水，捞出，过凉。

2. 苦瓜片中加入盐、白糖、蒜末拌匀，淋香油，撒熟白芝麻，装盘即可。

酸辣苦瓜片

[原料]

苦瓜100克，红椒丝10克

[调料]

盐、白糖、醋、鸡精、辣椒油各适量

[制作方法]

1. 苦瓜洗净，切开，去蒂除籽，切片，入沸水锅中焯透，捞出，晾凉，沥干水分。

2. 取盘，放入苦瓜片，加盐、白糖、醋、鸡精和辣椒油拌匀，撒红椒丝即可。

豆豉苦瓜

[原料]
苦瓜300克，豆豉20克

[调料]
蒜末、盐、鸡精、植物油各适量

[制作方法]
1. 苦瓜洗净，去蒂和子，切片，放入沸水锅中焯1分钟，捞出晾凉，沥干水分，装盘。豆豉切末。
2. 锅置火上，倒入适量植物油，待油温烧至七成热时放入豆豉末和蒜末炒香，关火，淋在苦瓜片上，用盐和鸡精调味即可。

五味苦瓜

[原料]
新鲜苦瓜250克

[调料]
芝麻油、酱油、蒜、番茄酱、醋、香菜末各适量

[制作方法]
1. 苦瓜洗净，去瓤，斜刀切片。
2. 蒜洗净，切成末。
3. 将苦瓜片入沸水中焯一下，捞出用凉开水冲凉，放入大碗中，加入芝麻油、番茄酱、酱油、醋、蒜末，拌匀装盘，再撒上香菜末即可。

荠菜百合

[原料]

荠菜100克，百合50克

[调料]

白糖、盐各适量

[制作方法]

1. 荠菜择除杂质，洗净，切成末。百合洗净，分开成瓣。

2. 锅入油烧热，下入荠菜末、百合同炒，待百合熟软时加入白糖和盐炒匀即可。

豆豉拌南瓜

[原料]

南瓜500克，红椒50克

[调料]

葱花、香油、红油、豆豉、酱油、白糖各适量

[制作方法]

1. 南瓜削皮洗净，切成长条，入蒸笼蒸至软熟不烂，取出晾凉，放入盘中堆码整齐。红椒洗净，切段。

2. 将豆豉、红椒段分别剁细，放入碗中，加入酱油、白糖、红油、香油调匀成味汁，浇在南瓜条上，撒上葱花即可。

麻辣南瓜

[原料]
南瓜300克

[调料]
葱花、油辣子、花椒粉、香油、醋、生抽、白糖、盐各适量

[制作方法]

1. 南瓜洗净去皮，切条，撒上盐，腌10分钟，捞出，放入沸水中煮至断生，摆入盘中。

2. 小碗中加上盐、白糖、生抽、醋、油辣子、香油、花椒粉拌匀成调味汁，浇到南瓜条上，撒上葱花即可。

蚕豆拌南瓜

[原料]
南瓜400克，蚕豆50克

[调料]
香油、白糖、盐各适量

[制作方法]

1. 南瓜洗净去皮，切成块，放入沸水锅中焯水至熟，捞出冲凉，沥干水分。

2. 蚕豆洗净去皮，放入沸水锅中煮熟，捞出晾干。

3. 将蚕豆、南瓜块放入碗中，加入盐、白糖拌匀，淋上香油即可。

蓑衣黄瓜

原料

黄瓜400克，干辣椒段10克

调料

花椒、花生油、醋、生抽、白糖、
盐各适量

制作方法

1. 黄瓜洗净，改蓑衣花刀，加入
   盐腌渍10分钟，捞出，冲凉沥
   干，放入盘中。
2. 生抽、醋、白糖、盐调匀成味
   汁，浇在黄瓜上拌匀。
3. 锅入油烧热，下入干辣椒段、花
   椒炸出香味，浇在黄瓜上，拌匀
   即可。

蜜枣柠檬瓜条

原料

黄瓜400克，蜜枣50克

调料

柠檬汁、白糖各适量

制作方法

1. 黄瓜去皮洗净，切成条，码入盘
   中。蜜枣切块，放入碗中。
2. 将柠檬汁加入白糖调匀，浇在黄
   瓜条、蜜枣上，拌匀即可。

辣酱黄瓜

[原料]

黄瓜300克，小红辣椒10克

[调料]

川味辣椒酱、香油各适量

[制作方法]

1. 黄瓜洗净，切成圆片。小红辣椒洗净，切成小丁。

2. 黄瓜片中加入小红辣椒、川味辣椒酱、香油，搅拌均匀，装盘即可。

多味黄瓜

[原料]

黄瓜500克，海米30克，干辣椒10克

[调料]

姜丝、香油、醋、酱油、白糖、盐各适量

[制作方法]

1. 黄瓜洗净，切成滚刀块，加入盐拌匀，出水后沥干。干辣椒洗净，切丝。海米用温水泡洗，沥干水分。

2. 锅入油烧热，倒入干辣椒丝、姜丝，煸炒出香味，再加入酱油、白糖、醋，略熬成汁，淋香油拌匀，倒入碗中。

3. 将腌好的黄瓜块、海米放入调味碗中拌匀，装盘即可。

黄瓜拌绿豆芽

[原料]

绿豆芽600克，黄瓜200克

[调料]

盐、生姜丝、葱花、香醋、香油各
适量

[制作方法]

1. 绿豆芽拣去杂质，择去须根，洗
   净，放入沸水锅里焯熟，捞出控
   干水分。黄瓜切丝，备用。

2. 绿豆芽、黄瓜丝盛入盘中，撒
   盐，加葱花、生姜丝拌匀，最后
   浇上香醋、香油，拌匀即可。

蒜蓉拌黄瓜

[原料]

鲜嫩黄瓜450克，大蒜30克

[调料]

盐、酱油、香油各适量

[制作方法]

1. 先将嫩黄瓜洗净，放入沸水锅中
   焯一下，捞出，冲凉，剖成两
   半，去瓜瓤，斜切成片。

2. 大蒜剥皮切蓉，加盐、酱油、香
   油调制成调味汁，倒入盛黄瓜的
   容器中，拌匀即可。

清拌黄瓜

[原料]

黄瓜300克

[调料]

蒜、花椒、盐、干红辣椒、醋、植物油各适量

[制作方法]

1. 黄瓜洗净，削皮，用刀背拍松，切成块。蒜捣碎，干红辣椒切丝。

2. 黄瓜块放入碗中，加入蒜蓉、盐、醋拌匀，放干红辣椒丝。

3. 将植物油倒入炒锅中，上火烧至六成热，放入花椒煸香，拣出，将热油浇淋在黄瓜上即可。

麻辣笋丝

[原料]

水发笋丝400克

[调料]

葱丝、蒜泥、芝麻酱、辣椒油、花椒粉、酱油、白糖、盐各适量

[制作方法]

1. 水发笋丝入沸水中焯水，冲凉，沥干水分。

2. 将笋丝、葱丝放入盛器中，加入辣椒油拌匀，放入酱油、花椒粉、白糖、蒜泥、芝麻酱、辣椒油、盐拌匀，装碗即可。

冬笋拌荷兰豆

[原料]

荷兰豆荚、冬笋各200克，胡萝卜
50克

[调料]

蚝油、香油、白糖、盐各适量

[制作方法]

1. 荷兰豆荚掐去两头尖角，洗净。
   冬笋洗净，切成丝。胡萝卜洗净
   去皮，切丝。

2. 锅入清水，下入冬笋丝、荷兰豆
   荚烧开，焯烫2分钟，捞出。

3. 将荷兰豆荚入冷水浸泡，捞出沥
   干，切成长丝，放入碗中，加入
   冬笋丝、胡萝卜丝，加入盐、白
   糖，淋蚝油、香油，拌匀即可。

凉拌芦丝

[原料]

芦笋300克，洋葱丝20克，红椒丝
10克

[调料]

香油、盐各适量

[制作方法]

1. 芦笋去老皮洗净，切丝，焯水冲
   凉，沥干水分。

2. 将芦笋丝、洋葱丝、红椒丝放入
   碗中，加入适量盐，搅拌均匀，
   淋香油即可。

糟汁醉芦笋

[原料]
芦笋200克

[调料]
醪糟汁、枸杞、盐各适量

[制作方法]
1. 芦笋去皮洗净，改刀切成4厘米的节。
2. 锅入清水烧沸，放入芦笋焯至断生，捞出，放入盆中，加入醪糟汁、枸杞、盐拌匀，装盘即可。

酸辣玉芦笋

[原料]
芦笋200克

[调料]
辣椒油、醋、盐各适量

[制作方法]
1. 芦笋洗净，削去皮，切成厚片，放入沸水锅中汆水，捞出，放入盆中。
2. 取一只碗，放入盐、辣椒油、醋调成酸味辣汁，浇在芦笋上拌匀，装盘即可。

麻辣莴笋

[原料]
莴笋500克

[调料]
花椒、干辣椒、香油、盐各适量

[制作方法]

1. 莴笋去皮洗净，切成长6厘米、宽1厘米的条，用盐腌渍8分钟，沥干水分。干辣椒洗净，切成段。

2. 锅入香油烧热，下入花椒炸糊，拣出，再下入干辣椒段，炸出香味，下入莴笋条，翻炒几下，倒出晾凉，装盘即可。

腐乳卤莴笋

[原料]
莴笋400克

[调料]
辣豆腐乳汁、香油各适量

[制作方法]

1. 莴笋去皮洗净，改刀切成长方形长条，放入沸水锅中烫一下，捞出冲凉，沥干水分。

2. 将莴笋条放入碗中，放入辣豆腐乳汁拌匀，淋香油即可。

麻辣莴笋尖

[原料]

莴笋尖500克

[调料]

蒜泥、芝麻酱、花椒粉、辣椒油、
酱油、白糖、盐各适量

[制作方法]

1. 莴笋尖去皮洗净，切成长段。

2. 锅入清水烧热，放入莴笋段焯
   水，捞出冲凉，沥干水分。

3. 将莴笋尖放入碗中，放入酱油、
   花椒粉、白糖、蒜泥、芝麻酱、
   盐拌匀，淋辣椒油即可。

凉拌莴笋干

[原料]

莴笋干300克，红辣椒10克

[调料]

花椒油、盐各适量

[制作方法]

1. 莴笋干用温水泡发回软，焯水冲
   凉，沥干水分。红辣椒洗净，切
   细末。

2. 莴笋干放入碗中，加入盐、红辣
   椒末拌匀，淋花椒油即可。

红油拌莴笋

[原料]

嫩莴笋400克

[调料]

干辣椒、花生油、醋、盐各适量

[制作方法]

1. 莴笋去皮洗净，切成斜片，放入碗中，加入盐拌腌5分钟，捞出沥干水分，放入盘中。干辣椒洗净，切长节。

2. 锅入花生油烧热，下入干辣椒节煸香，浇在莴笋上，加入盐、醋，拌匀即可。

辣酱莴笋

[原料]

莴笋400克

[调料]

蒜末、辣椒酱、香油各适量

[制作方法]

1. 莴笋洗净，切成长片，放入沸水锅中焯水，冲凉沥干。

2. 莴笋片放入盘中，加入蒜末、辣椒酱，淋香油，拌匀即可。

泡鲜笋

[原料]

鲜莴笋500克，青椒丝、红椒丝各100克

[调料]

姜丝、朝鲜辣酱、白醋、料酒、白酒、白糖、盐各适量

[制作方法]

1. 鲜莴笋切去根部，去皮洗净，切成滚刀块。

2. 锅入清水烧沸，放入莴笋块，焯透捞出，凉水投凉。

3. 将莴笋块、青椒丝、红椒丝装入泡菜坛中，加入适量水、盐、料酒、白酒、姜丝、白醋、朝鲜辣酱、白糖调味，泡腌10分钟，装盘即可。

海蜇莴苣丝

[原料]

莴苣250克，海蜇皮150克

[调料]

芝麻酱、盐各适量

[制作方法]

1. 莴苣去皮，切细丝，盐渍20分钟，控干水分。海蜇皮洗净切丝。

2. 莴苣丝、海蜇皮丝加凉水冲淋，沥水，加芝麻酱、盐，拌匀即成。

莴苣竹笋

[原料]

竹笋400克，莴苣200克

[调料]

香油、料酒、姜末、盐、白糖各适量

[制作方法]

1. 莴苣去皮，洗净，切滚刀片。

2. 去壳的竹笋洗净，切滚刀片。

3. 把竹笋、莴苣一起放入开水锅内焯一下，捞出沥干水分。

4. 盐、姜末、料酒、白糖拌入笋片、莴苣片中，再淋上香油即可。

萝卜干拌肚丝

[原料]

猪肚500克，萝卜干200克

[调料]

辣椒丝、花椒粉、白卤水、香油、醋、白糖、盐各适量

[制作方法]

1. 猪肚洗净，放入盆中，加入盐、醋反复揉搓，使表面粘液脱落，洗净，放入沸水锅中汆水。萝卜干用水泡好，洗净。

2. 猪肚放入白卤水中煮熟，捞起晾凉，改刀成丝。

3. 肚丝、萝卜干中加入盐、香油、辣椒丝、花椒粉、白糖，拌好味后，装盘即可。

麻辣拌肚丝

[原料]

猪肚750克，尖椒丝30克

[调料]

葱丝、芝麻、辣豆瓣酱、花椒面、
香油、辣椒油、酱油、盐各适量

[制作方法]

1. 猪肚洗净，放入开水锅中煮熟，
   捞出晾干，切成丝，放入盘中。

2. 尖椒丝、葱丝、香油、酱油、
   盐、辣椒油、花椒面、芝麻、辣
   豆瓣酱调匀，做成酱料。

3. 将酱料浇在猪肚丝上，拌匀即
   可。

白切猪肚

[原料]

猪肚头100克，青椒、红椒、胡萝
卜各50克

[调料]

葱丝、姜丝、仔姜、香菜段、花
椒、蚝油、酱油各适量

[制作方法]

1. 猪肚头洗净，加入花椒、仔姜、
   葱丝，放入锅中煮熟。将煮熟的
   肚头切成薄片。青椒、红椒、胡
   萝卜分别洗净，切成丝。

2. 青椒丝、红椒丝、胡萝卜丝、姜
   丝、葱丝入沸水锅中焯水捞起。

3. 碗中放入酱油、蚝油、青椒丝、
   红椒丝、姜丝拌入味，放入肚
   片，撒上香菜段，拌匀即可。

松仁小肚

[原料]

猪肚350克，肉丁、火腿、松仁、肉皮各50克

[调料]

葱末、姜末、胡椒粉、香油、料酒、盐各适量

[制作方法]

1. 猪肚洗净。

2. 火腿、肉皮切丁，连同肉丁、松仁加葱末、姜末、胡椒粉、香油、料酒、盐腌制，装入猪肚内，用牙签封住口。

3. 猪肚放入碗中，加入葱末、姜末、料酒、盐、胡椒粉、香油，入锅蒸熟，待凉透切成片，装盘即可。

民间老坛子

[原料]

猪尾、鸡爪、猪耳各250克，白萝卜、青柿子椒、红柿子椒各50克

[调料]

姜块、白酒、红糖、盐各适量

[制作方法]

1. 白萝卜洗净，切片。青、红柿子椒分别洗净，去蒂、子，切块。

2. 鸡爪、猪耳、猪尾分别洗净，放入沸水中煮熟，捞出沥水。

3. 取一坛子，放入鸡爪、猪耳、猪尾、白萝卜片、青柿子椒块、红柿子椒块，加入盐、红糖、白酒、姜块、凉开水，密封腌2天即可。

湘卤手撕牛肉

[原料]
牛脊背肉300克

[调料]
葱段、姜片、香菜段、芝麻、八角、桂皮、花椒油、辣椒油、植物油、料酒、盐各适量

[制作方法]
1. 牛脊背肉洗净，切小块，放在锅中氽水捞出。
2. 另起锅，放入牛脊背肉块，下入八角、花椒、桂皮、姜片、葱段、料酒旺火煮开，改小火煮至肉烂，晾凉，撕长条，装碗。
3. 将手撕牛脊背肉条放入香菜段、香葱段，用花椒油、辣椒油、盐拌匀，装盘撒芝麻即可。

风干牛肉丝

[原料]
牛肉250克

[调料]
葱姜末、干陈皮片、花椒、鲜汤、糖色、精炼油、香油、料酒、白糖、盐各适量

[制作方法]
1. 干陈皮片洗净，泡软。牛肉洗净，切片，加盐、料酒、葱末、姜末，加冷油拌匀。
2. 锅入精炼油烧热，放入肉片炸至呈浅褐色，捞出。原油锅烧热，放入肉片复炸至稍干捞出。
3. 另起油锅烧热，入花椒、陈皮片炒香，加入鲜汤、肉片、白糖、糖色、盐收至汤干，加入香油收至汁干，晾凉，撕成丝即可。

菊香牛肉

原料

牛肉、泡菜水各500克，青尖椒、
红尖椒各50克

调料

高汤、盐各适量

制作方法

1. 牛肉洗净，放入高汤中改用小火
   卤至牛肉熟透，捞出。青尖椒、
   红尖椒分别洗净，切成碎，用泡
   菜水，加入盐调味。

2. 卤好的牛肉切片装入盘中，淋上
   泡好的青尖椒碎、红尖椒碎即
   可。

果仁拌牛肉

原料

牛肉500克，酥花生50克

调料

花椒粉、辣椒粉、辣椒油、盐各适
量

制作方法

1. 牛肉切成片，装入盘中。

2. 将盐、辣椒粉、花椒粉调匀，淋
   入辣椒油，浇在牛肉片上，拌
   匀，撒上酥花生米，出锅装盘即
   可。

卤牛肉

[原料]
牛肉500克

[调料]
姜末、辣椒末、花椒末、红卤水、
料酒、盐各适量

[制作方法]

1. 牛肉洗净，加入盐、料酒、姜末码
   味，腌渍一天。

2. 锅中放入清水烧开，放入牛后腿
   肉汆水，捞出洗净。

3. 将汆水后的牛肉放入红卤水中烧
   沸，用小火焖卤至牛肉熟软，捞
   出晾凉，切片装盘，撒上辣椒
   末、花椒末即可。

过桥百叶

[原料]
牛百叶300克

[调料]
葱末、芝麻、香油、料酒、红油、
白糖、盐各适量

[制作方法]

1. 牛百叶漂洗干净，改刀切成片，
   放入沸水锅中，加入料酒汆烫一
   下，捞起晾凉，装盘。

2. 取一小碗，加入盐、白糖、红
   油、葱末、芝麻、香油调匀，随
   牛百叶一起上桌即可。

椒油牛百叶

[原料]

熟牛百叶200克，青、红辣椒各1个

[调料]

葱白、辣椒油、醋、盐各适量

[制作方法]

1. 熟牛百叶洗净，切成丝。葱白洗净，切成丝。青辣椒、红辣椒分别洗净，切成丝。
2. 将辣椒油、盐、醋倒入小碗中，调成料汁。
3. 将牛百叶丝、葱白丝、青辣椒丝、红辣椒丝一起装入碗中，浇上料汁，拌匀即可。

剁椒羊腿肉

[原料]

羊腿肉200克，小尖椒50克，黄瓜条3段

[调料]

姜末、蒜末、香菜段、冷鲜汤、植物油、香油、酱油、醋、盐各适量

[制作方法]

1. 羊腿肉洗净，放入锅中煮熟，捞起切片。小尖椒洗净，剁碎。
2. 羊肉片整齐地摆入盘中，呈展开的一本书形状，用黄瓜条隔开。
3. 盆中放入盐、姜末、蒜末、酱油、醋、香油、冷鲜汤、植物油、小尖椒碎，调匀后淋入盘中羊肉片上，撒上香菜段即可。

麻辣羊肝花

[原料]

羊肝500克

[调料]

葱丝、葱花、姜末、蒜末、香菜段、干辣椒、熟芝麻、花椒、植物油、香油、酱油、盐末各适量

[制作方法]

1. 羊肝洗净，切成片，放入开水锅中煮至六成熟，捞出。

2. 锅入油烧热，炸香干辣椒、花椒、盐、葱花，捞出，捣碎。

3. 肝块倒入油锅中，加酱油煮半小时。姜末、熟芝麻末、酱油、香油、蒜末调成汤汁。

4. 肝块切片，装盘，撒葱丝、香菜段，浇上汤汁拌匀即可。

豆豉拌兔丁

[原料]

净兔肉500克，花生仁200克

[调料]

葱段、姜片、豆豉、郫县豆瓣、辣椒油、精炼油、香油、酱油、白糖各适量

[制作方法]

1. 兔肉洗净，放入温水锅中，加入姜片、葱段煮熟，浸泡，捞出晾凉，斩成方丁。郫县豆瓣剁细。豆豉加工成末。花生仁去皮。

2. 锅入油烧热，入豆瓣炒香，入豆豉末略炒，起锅晾凉。酱油、白糖、豆瓣、豆豉末、辣椒油、香油调成麻辣味汁。葱段、兔肉丁、花生仁调入味汁拌匀即可。

荷叶麻辣兔卷

[原料]

兔肉300克,荷叶饼若干、黄瓜、绿尖椒圈各50克

[调料]

葱末、泡辣椒、小红尖椒、豆豉、花椒面、植物油、酱油、盐各适量

[制作方法]

1. 兔肉洗净,煮熟,剁成方丁。豆豉略剁。泡辣椒、小红尖椒分别洗净,切丁。

2. 锅入油烧热,放入泡辣椒煸炒,放入尖椒丁、豆豉炒香,放入兔丁、酱油、盐、葱末、花椒面煸炒,关火,盛盘。

3. 荷叶饼卷入兔丁,放入黄瓜条,用切好的绿尖椒圈套成卷,用黄瓜片、辣椒花装饰即可。

鱼香兔丝

[原料]

熟兔肉150克,竹笋100克

[调料]

葱花、姜末、蒜泥、泡辣椒、辣椒油、香油、酱油、醋、白糖、盐各适量

[制作方法]

1. 竹笋洗净,切成丝。泡辣椒去子,切成末。兔肉切丝。

2. 锅入清水烧沸,放入竹笋丝焯至断生,捞出晾凉。

3. 酱油、醋、白糖、盐调成咸鲜酸甜味,加泡辣椒末、姜末、蒜泥、辣椒油、香油、葱花调成鱼香味汁。

4. 竹笋丝、兔丝装入盘中,淋上鱼香味汁,拌匀即可。

青芥美容兔

[原料]

仔兔150克，芥菜干100克

[调料]

辣椒油、芥末油、复制酱油、料酒、白糖、盐各适量

[制作方法]

1. 兔肉洗净，放入沸水锅中，加入盐、料酒，煮熟，晾凉，斩成小块。

2. 芥菜干切碎，下入锅中干炒，捞出，放入坛子焖一天成冲菜。

3. 兔肉块加入盐、白糖、复制酱油、辣椒油拌匀，加入芥末油调味，搅拌均匀，装入盘中，将冲菜摆放在兔肉块上面即可。

开心跳水兔

[原料]

带骨兔肉450克，黄瓜100克，红尖椒20克

[调料]

老泡菜盐水、酱油、盐各适量

[制作方法]

1. 兔肉洗净，下入开水锅中煮熟，捞出，去大骨，改刀切成菱形块。

2. 黄瓜去皮洗净，切成块。

3. 红尖椒洗净，切成圈，放入老泡菜盐水中，加入盐、酱油调匀制成味汁，装入碟中。

4. 将兔肉块、黄瓜块整齐地码入盘中，配上味碟即可。

香拌兔丁

[原料]

鲜兔肉500克，酥花生米15克

[调料]

葱段、姜丝、蒜泥、熟芝麻、油酥
豆瓣、油酥豆豉、麻酱、花椒粉、
胡椒粉、红辣椒油、香油、酱油、
醋、白糖、盐各适量

[制作方法]

1. 兔肉洗净，放入锅中，加入清水
   烧开，撇尽浮沫，加入葱段、姜
   丝煮熟，捞出晾凉。

2. 兔肉去骨，切丁，加盐、酱油、
   白糖、醋、胡椒粉、红辣椒油、
   油酥豆瓣、油酥豆豉、麻酱、蒜
   泥、花椒粉、香油、熟芝麻、酥
   花生米拌匀，装盘即可。

巴国钵钵兔

[原料]

兔肉1500克

[调料]

葱段、姜末、蒜末、酥黄豆、芝麻
酱、辣椒油、香油、醋、白糖、盐
各适量

[制作方法]

1. 兔肉洗净，放入锅中煮熟，加入
   姜末、葱段煮熟，捞出晾凉。

2. 将蒜末、芝麻酱、盐、白糖、
   醋、香油、辣椒油调匀成料汁。

3. 将兔肉斩成条形，摆入盘中，淋
   上调好的料汁，撒上葱段、酥黄
   豆，拌匀即可。

Part
5

健康"煲"场
一"汤"俱全

翡翠白玉汤

[原料]

菠菜100克，豆腐200克

[调料]

清汤、香油、盐各适量

[制作方法]

1. 菠菜取叶洗净，入沸水中焯一下，捞出挤干水分，切段。

2. 豆腐洗净，切成象眼片，下锅煮开，捞起待用。

3. 炒锅置大火上，倒入清汤，烧开后加入盐，放入菠菜和豆腐片烧沸，除去浮沫，淋香油，起锅盛入汤碗中即可。

雪菜豆腐汤

[原料]

豆腐200克，雪里蕻100克

[调料]

盐、葱花、色拉油各适量

[制作方法]

1. 豆腐下沸水中稍氽取出，切成1厘米见方的小丁。雪里蕻洗净切丁，待用。

2. 油锅置旺火上烧热，放入葱花煸炒出香味，放适量水，待水沸后放入雪里蕻丁和豆腐丁，改小火炖15分钟，加入盐调味即可。

竹笋豆腐汤

[原料]

豆腐200克，竹笋100克，鸡蛋1个

[调料]

盐、胡椒粉、清汤各适量

[制作方法]

1. 豆腐洗净，放细罗筛上压成泥。竹笋洗净，切长片。

2. 鸡蛋取蛋黄，打入碗中，加入豆腐泥搅匀，再调入盐、胡椒粉拌匀，上笼屉蒸约8分钟成豆腐羹。

3. 锅置火上，加入清汤烧沸，放入竹笋，加入盐调味，放入蛋黄豆腐羹煮沸，撒胡椒粉即可。

丝瓜炖豆腐

[原料]

嫩丝瓜200克，豆腐100克

[调料]

葱末、高汤、水淀粉、植物油、酱油、盐各适量

[制作方法]

1. 丝瓜刮净外皮，洗净切成菱形块。

2. 豆腐洗净，切块，用沸水烫一下，用冷水浸凉。

3. 锅入油烧热，下入丝瓜块炒至发软，加入高汤、酱油、盐、葱末烧开，放入豆腐块，用小火炖至豆腐鼓起，转旺火烧一下，出锅即可。

蛋黄炖豆腐

[原料]

卤水豆腐380克，咸蛋黄100克，水发香菇80克

[调料]

葱花、姜丝、高汤、胡椒粉、植物油、盐各适量

[制作方法]

1. 卤水豆腐洗净，切成块。水发香菇洗净，切成丁。咸蛋黄切粒。
2. 锅入植物油烧热，下入姜丝、咸蛋黄粒炒散，加入高汤、豆腐块、香菇丁，旺火炖开锅，放入葱花、盐、胡椒粉调味，出锅即可。

三鲜豆腐

[原料]

豆腐150克，白菜心100克

[调料]

葱末、姜末、香菜段、鲜汤、植物油、鸡油、盐各适量

[制作方法]

1. 豆腐洗净放入锅里隔水蒸10分钟，取出沥水，切成长3.3厘米、厚1.5厘米、宽2.5厘米的片。白菜心洗净，用手撕成5厘米长的块，放入沸水中焯烫。
2. 锅入油烧热，加入葱末、姜末炸出香味，放入鲜汤、豆腐片、盐、白菜心烧滚，撇去浮沫，淋上鸡油，撒香菜段，出锅即可。

菜心豆腐

[原料]

菜心、豆腐各200克，鸡胸肉100克，金银花5克，黑豆适量

[调料]

葱花、蒜粒、水淀粉、植物油、料酒、盐各适量

[制作方法]

1. 黑豆、金银花分别洗净，依次放入清水锅中煮熟。鸡胸肉、菜心、豆腐分别洗净，切丁。

2. 鸡肉丁用料酒、盐、水淀粉腌渍，入油锅中滑熟，捞出沥油。

3. 锅入油烧热，放入葱花、蒜粒爆香，加入菜心煮开，用水淀粉勾芡，倒入豆腐块、鸡肉丁、黑豆、金银花，煮2分钟即可。

茯苓松子豆腐

[原料]

豆腐350克，茯苓粉100克，松子、胡萝卜、香菇各50克，鸡蛋2个

[调料]

盐各适量

[制作方法]

1. 豆腐、胡萝卜分别洗净，切块。香菇用温水泡发，去蒂洗净。鸡蛋磕入碗中，打匀成鸡蛋液。

2. 锅中倒入清水，放入豆腐块、胡萝卜块、松子、茯苓粉、香菇，旺火煮沸转小火煮10分钟，将鸡蛋液均匀地淋在汤中，转小火煮1分钟，放盐调味即可。

豆腐丸子汤

[原料]

豆腐300克，白菜心50克

[调料]

鸡蛋清、清汤、胡椒粉、水淀粉、盐各适量

[制作方法]

1. 白菜心洗净，对剖成4瓣，入沸水锅中煮熟，捞出沥水。

2. 豆腐剁成蓉泥，包入纱布中，挤去水分，加入胡椒粉、盐、水淀粉、鸡蛋清搅拌成豆腐糁，挤成丸子，放入沸水锅中煮熟，捞出。

3. 锅中加入清汤烧开，放入白菜心、豆腐丸子煮至熟透即可。

生菜豆腐

[原料]

嫩生菜叶100克，豆腐200克，水发木耳10克

[调料]

白胡椒粉、橄榄油、白醋、盐各适量

[制作方法]

1. 嫩生菜叶洗净，沥干水分，切段。豆腐洗净，切长方形块。水发木耳洗净，切丝。

2. 锅中倒入鲜汤、豆腐块旺火煮沸，去浮沫，倒入橄榄油，放入生菜叶，用筷子搅拌一下，使菜叶浸入汤中，盖上锅盖，旺火煮沸后，再加入盐、白胡椒粉、白醋调味，放入木耳丝煮开锅，装碗即可。

五彩腐皮汤

[原料]
胡萝卜、白萝卜、萝卜叶、牛蒡各150克，干香菇50克，豆腐丁30克，豆皮半张

[调料]
蒜片、素高汤、盐各适量

[制作方法]
1. 干香菇洗净，用温水泡软，捞出，切小块。胡萝卜、白萝卜、牛蒡分别洗净，切块。豆皮洗净，切条。萝卜叶洗净，切段。
2. 锅中加入素高汤，放入蒜片、白萝卜块、胡萝卜块、豆腐丁、豆皮条、牛蒡块、萝卜叶，旺火煮沸后，加入盐，转中火煮约3分钟，出锅即可。

芙蓉豆腐汤

[原料]
豆腐400克，莴笋、豌豆尖、鲜蘑菇、水发香菇各25克，牛奶100克

[调料]
水淀粉、胡椒粉、清汤、植物油、白糖、盐各适量

[制作方法]
1. 豆腐洗净，剁蓉，加牛奶拌匀，加盐、水淀粉调匀，上笼蒸10分钟，起笼放入碟中。水发香菇、鲜蘑菇、莴笋、豌豆尖分别洗净，蘑菇、莴笋切菱形片。
2. 锅入油烧热，下入清汤、香菇、蘑菇片、莴笋片煮熟，摆在豆腐糕四周，汤里加盐、胡椒粉、白糖，勾芡，浇入豆腐糕上即可。

白菜豆腐酱汤

[原料]

白菜200克，卤水豆腐150克，红椒20克

[调料]

葱花、大豆酱、植物油、酱油、料酒各适量

[制作方法]

1. 白菜洗净，切段。豆腐洗净，切小方块。红椒洗净，去籽，切丁。

2. 锅入油烧热，下入葱花爆香，加入白菜段、红椒丁，调入料酒、酱油、大豆酱，翻炒2分钟，加入清汤、豆腐块，煮滚入味，出锅即可。

萝卜腐竹煲

[原料]

香菇、金针菇、腐竹、水发木耳、烤麸、胡萝卜、白萝卜各100克

[调料]

姜末、米椒圈、植物油、酱油、盐各适量

[制作方法]

1. 香菇洗净，切开。金针菇洗净，切断。腐竹、烤麸泡开，切块。胡萝卜、白萝卜洗净，切片。

2. 锅入油烧热，爆香姜末，放香菇、烤麸稍炒，倒入砂锅，再放入金针菇、腐竹块、木耳、胡萝卜片、白萝卜片，加水烧滚，改小火炖至食材熟烂，加入盐、酱油，撒米椒圈即可。

海带炖冻豆腐

[原料]

冻豆腐300克，水发海带100克，猪肉50克

[调料]

葱花、姜末、植物油、酱油、料酒、盐各适量

[制作方法]

1. 冻豆腐化开，洗净，挤净水分，切成2厘米见方的块。海带洗净，切成片。猪肉洗净，切成厚片。

2. 锅入植物油烧热，下入葱花、姜末爆香，放入肉片，煸炒出香味后，放入高汤、豆腐块、海带片烧开，改用慢火，加入盐、酱油、料酒，炖至汤浓海带熟烂后，装碗即可。

蚕豆素鸡汤

[原料]

蚕豆200克，素鸡100克，金针菇、水发香菇各50克

[调料]

高汤、胡椒粉、香油、盐各适量

[制作方法]

1. 蚕豆洗净，煮熟去皮。素鸡切厚片。金针菇洗净，去根撕散。香菇洗净，切大块。

2. 锅中加入高汤，放入蚕豆、素鸡片、香菇块、金针菇烧开炖至20分钟，加入盐、胡椒粉调味，淋香油，出锅装盘即可。

酸菜煮豆泡

[原料]

豆泡180克，酸菜150克，红泡椒、灯笼泡椒、小米椒各30克

[调料]

姜片、清汤、植物油、蚝油、盐各适量

[制作方法]

1. 豆泡用温水泡胀。酸菜切小段。红泡椒、灯笼泡椒、小米椒分别洗净，切段。

2. 锅入油烧热，下入姜片、红泡椒段炒香，加入清汤，用盐、蚝油调味，下入灯笼泡椒段、小米椒段、酸菜段，倒入豆泡煮4分钟至入味，出锅即可。

炖三菇

[原料]

水发口蘑、平菇、草菇各150克

[调料]

香菜末、高汤、鸡油、料酒、白糖、盐各适量

[制作方法]

1. 水发口蘑去根，洗净，放入沸水锅中焯一下捞起，再放入冷水中冲凉。草菇、平菇分别洗净，切段。

2. 平菇段、口蘑、草菇段放入炖盅内，加入高汤、盐、白糖、料酒、鸡油，盖上盖儿，上笼蒸熟取出，撒入香菜末，出锅即可。

山药香菇汤

[原料]

山药300克，水发香菇、胡萝卜各100克，红枣50克

[调料]

葱段、胡椒粉、色拉油、酱油、盐各适量

[制作方法]

1. 山药去皮洗净，切片。水发香菇、胡萝卜分别洗净，切片。红枣洗净泡透，去核。

2. 锅入油烧至六成热，下入葱段煸炒出香味，放入山药片、香菇片和胡萝卜片略炒，加入红枣、酱油及适量清水，用旺火烧沸，转中火煮至山药、红枣熟透，加入盐、胡椒粉调味，出锅即可。

奶汤浸煮冬瓜粒

[原料]

奶汤400克，冬瓜300克，水发冬菇、鱿鱼干各50克

[调料]

姜片、植物油、料酒、盐各适量

[制作方法]

1. 冬瓜洗净去皮，切成丁。

2. 水发冬菇洗净，切成方丁。鱿鱼干切粒。

3. 锅入油烧热，放入姜片、料酒爆香，倒入奶汤，放入冬瓜丁、冬菇丁、鱿鱼干粒，中火煮20分钟，加盐调味，出锅即可。

乡村炖菜

[原料]

红萝卜200克，茭白100克，干香菇50克，绿竹笋、莲藕各30克

[调料]

香菜段、素高汤、香油、盐各适量

[制作方法]

1. 将红萝卜、茭白、绿竹笋、莲藕分别洗净，切成块。干香菇用热水泡软，切成块。

2. 锅入清水烧沸，放入素高汤，加入红萝卜块、茭白块、绿竹笋块、莲藕块、干香菇块炖至熟烂，加盐调味，撒上香菜段，淋香油，出锅即可。

家常炖萝卜粉丝

[原料]

青萝卜500克，粉丝100克，瘦猪肉50克

[调料]

葱丝、鲜汤、胡椒粉、植物油、盐各适量

[制作方法]

1. 萝卜洗净，切成丝。猪肉洗净，切丝。

2. 粉丝用热水烫软，捞出备用。

3. 锅入油烧热，下入葱丝爆香，放入肉丝炒散，加入鲜汤，烧开后放入萝卜丝、粉丝，待萝卜丝炖熟，加盐、胡椒粉调味，出锅即可。

萝卜双豆汤

[原料]

豆腐干350克，荷兰豆120克，胡萝卜100克，海带50克

[调料]

鱼露、姜汁、鸡汤、醋、盐各适量

[制作方法]

1. 荷兰豆择洗干净，切去两端。

2. 胡萝卜洗净，切成片。海带、豆腐干分别洗净，切成三角形块。

3. 汤锅中倒入鸡汤，放入豆腐干、荷兰豆、胡萝卜片、豆腐干，调入鱼露、姜汁、醋、盐，中火煮沸改小火焖煮至所有原料熟烂，出锅即可。

芋头煮萝卜苗

[原料]

芋头250克，萝卜苗300克

[调料]

姜末、鲜汤、枸杞、猪油、盐各适量

[制作方法]

1. 萝卜苗摘洗干净，切碎，沥干水分。

2. 芋头去皮，洗净，切成小片。

3. 锅入猪油烧热，下入姜末爆香，放入芋头片炒熟，加入鲜汤，放入盐调味，煮至芋头熟烂，再放入萝卜苗、枸杞一起煮熟，出锅盛入汤碗即可。

素罗宋汤

[原料]

豆干150克，胡萝卜100克，番茄、土豆、洋葱、白萝卜、萝卜叶、牛蒡、泡发干香菇、青豆各30克

[调料]

米酒、盐各适量

[制作方法]

1. 胡萝卜、白萝卜、牛蒡、豆干、洋葱分别洗净，切丁。番茄洗净，切块。土豆去皮洗净，切丁。泡发干香菇洗净，切块。

2. 豆干、青豆入清水锅煮沸，放入胡萝卜丁、番茄块、土豆丁、洋葱丁、白萝卜丁、萝卜叶、牛蒡丁、香菇块煮沸，放入盐、米酒炖至所有原料熟烂，出锅即可。

什锦汤

[原料]

胡萝卜、白萝卜、萝卜叶、牛蒡各100克，泡发干香菇、冬瓜、豆腐块各50克，枸杞适量

[调料]

素高汤、胡椒粉、盐各适量

[制作方法]

1. 胡萝卜、白萝卜、牛蒡、香菇、冬瓜分别洗净，切成块。

2. 锅入素高汤煮开，放入冬瓜块、胡萝卜块、白萝卜块、萝卜叶、牛蒡块、香菇块，转小火煮至冬瓜软烂，再放入豆腐块、枸杞，调入盐、胡椒粉，出锅即可。

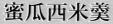

蜜瓜西米羹

[原料]
西米100克，哈密瓜1个

[调料]
白糖适量

[制作方法]

1. 锅入清水，放入西米煮熟。白糖加入水，放入锅中煮成糖水。

2. 哈密瓜洗净，将果肉取出，一半切成小丁，一半搅成果汁。

3. 将果汁、糖水、西米放入锅中煮开后晾凉，盛入哈密瓜盅中，撒上哈密瓜丁即可。

双红南瓜汤

[原料]
南瓜300克，红枣50克

[调料]
醪糟、红糖各适量

[制作方法]

1. 南瓜去皮挖瓤，洗净，切成块。

2. 红枣洗净，用刀背拍开，去核。

3. 将南瓜块、红枣、醪糟、红糖一起放入砂锅中，加适量水，用小火煮至南瓜熟烂，出锅即可。

奶油南蓉汤

[原料]

南瓜300克，鲜奶油100克，西芹150克

[调料]

胡椒粉、盐各适量

[制作方法]

1. 南瓜去皮挖瓤，洗净，切小块，放入沸水锅中煮熟，取出放入碗中，捣成南瓜泥。西芹洗净，榨成菜汁，留少许菜叶，切碎。

2. 锅中放入南瓜泥，加入芹菜汁、鲜奶油，加入适量水拌匀。

3. 锅置火上，边煮边搅拌，加盐、胡椒粉调味，撒入少许芹菜叶碎末，装碗即可。

南瓜当归盅

[原料]

南瓜500克，银杏、水发香菇、白萝卜、胡萝卜各50克，当归、枸杞各5克

[调料]

盐适量

[制作方法]

1. 南瓜洗净，去蒂。香菇切成4瓣。白萝卜、胡萝卜洗净，切块。

2. 整个南瓜放入电饭锅中蒸熟，切开，边缘修成波纹状。

3. 锅入清水烧开，放入银杏、香菇瓣、白萝卜块、胡萝卜块煮熟，盛入南瓜盅中即可。

枸杞山药汤

[原料]

山药300克、枸杞20克

[调料]

葱花、姜片、米酒、鸡汤、盐各适
量

[制作方法]

1. 山药去皮洗净，切块。

2. 锅入清水烧沸，放入山药块、姜
   片，加入枸杞、米酒、鸡汤，放
   入锅中煮熟，加盐调味，撒上葱
   花，出锅即可。

酸菜土豆片汤

[原料]

土豆300克，酸菜150克

[调料]

鲜汤、植物油、盐各适量

[制作方法]

1. 酸菜洗净，切段。

2. 土豆去皮洗净，切成片。

3. 锅入植物油烧热，放入酸菜炒
   香，加入鲜汤烧沸，放入土豆片
   煮熟，放入盐调味，出锅即可。

澄净菠菜汤

[原料]
菠菜200克，牛蒡、胡萝卜、海带各100克

[调料]
胡椒盐、高汤各适量

[制作方法]

1. 菠菜洗净，放入沸水锅中焯烫，捞出，切成细丁。
2. 牛蒡、胡萝卜、海带分别洗净，切成丁。
3. 将高汤、菠菜丁、牛蒡丁、胡萝卜丁、海带丁用料理机打匀，放入胡椒盐，倒入锅中煮开，装碗即可。

菠菜浓汤

[原料]
猪脊骨或腿骨500克，菠菜200克

[调料]
盐适量

[制作方法]

1. 将猪骨洗净，放入锅中，加水熬煮成浓汤，盛出浓汤备用。
2. 菠菜择洗干净，用开水烫一下即捞出，沥干水分，切成段。
3. 锅置火上，倒入浓汤烧开，下入菠菜段稍煮，加盐调味即可。

红枣双蛋煮青菜

[原料]

青菜200克，红枣20克，皮蛋80克，鸡蛋60克

[调料]

蒜片、植物油、盐各适量

[制作方法]

1. 青菜洗净，切成段。鸡蛋打散，入热油锅中煎成鸡蛋皮，捞出，切条。

2. 锅入清水，调入盐和适量植物油烧开，放入青菜段焯烫5分钟捞出，沥干水分，盛入碗中。

3. 锅入油烧至七成热，放入蒜片煸炒出香味，加水，再放入红枣、皮蛋、鸡蛋皮条，加盐调味，煮开后倒入盛好青菜的碗中即可。

番茄肉片胡萝卜汤

[原料]

猪里脊150克，番茄100克，胡萝卜250克，大蜜枣4个

[调料]

水淀粉、盐、黄酒、清汤各适量

[制作方法]

1. 番茄洗净，切小块。猪里脊切薄片，用盐、黄酒、水淀粉抓匀上浆。胡萝卜去皮，切圆片。蜜枣去核，切丝。

2. 锅内加清汤，烧开后放入胡萝卜、番茄、蜜枣烧开，改中火煮至胡萝卜熟烂。

3. 汤锅移旺火上，大滚后氽入肉片，待肉片上浮，加盐调味即可。

瘦肉番茄粉丝汤

[原料]

猪里脊、番茄各100克，粉丝50克

[调料]

葱、姜、上汤、盐、料酒、香油各适量

[制作方法]

1. 瘦肉、番茄、葱、姜洗净后分别切成细丝。粉丝用温水泡发。

2. 炒锅上火，加入上汤烧开，放入粉丝、葱姜丝，烹入料酒烧开，再加入肉丝、番茄丝，待汤再次沸腾后加盐调味，速起锅，淋入香油即可。

奶油番茄汤

[原料]

番茄2个，洋葱1个，番茄酱200克，黄油100克，奶油200毫升

[调料]

面粉、蔬菜汤、盐各适量

[制作方法]

1. 将番茄、洋葱切块。

2. 炒锅加油烧热，依次加入洋葱、番茄翻炒后，加少许面粉，再加蔬菜汤煮开。

3. 将煮好的汤倒入搅拌器中搅成糊状，加奶油、盐、番茄酱调味。将汤倒入汤盘，加奶油、绿叶装饰即可。

苦瓜豆腐汤

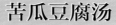

[原料]

豆腐、苦瓜各100克

[调料]

植物油、黄酒、酱油、香油、盐、水淀粉各适量

[制作方法]

1. 将苦瓜去皮、瓤，洗净，切片；豆腐洗净，切成小块。

2. 锅置火上，倒油烧热，放入苦瓜片翻炒几下，倒入开水、豆腐块，加入盐、黄酒、酱油煮沸，用水淀粉勾薄芡，淋上香油即可。

蔬菜凉汤

[原料]

冻豆腐、小黄瓜100克，番茄、土豆、胡萝卜、西兰花各50克

[调料]

素高汤粉、黑胡椒、盐各适量

[制作方法]

1. 冻豆腐洗净，切块。

2. 番茄洗净，入沸水中焯烫去皮。小黄瓜洗净，切厚片。土豆去皮洗净，切小块。胡萝卜洗净，切块。西兰花洗净，掰成小朵，入沸水锅中焯烫，捞出。

3. 锅入清水，倒入素高汤粉煮沸，放冻豆腐块、小黄瓜片、番茄、土豆块、胡萝卜块、西兰花煮熟，加黑胡椒、盐调味即可。

菜卷青豆汤

[原料]

白菜中层帮300克，猪肉馅200克，青豆30克

[调料]

葱花、姜汁、高汤、香油、料酒、盐各适量

[制作方法]

1. 白菜中层帮洗净，放入沸水中焯烫，捞出沥水。

2. 猪肉馅放入碗中，加入姜汁、料酒、葱花拌匀。

3. 白菜帮放入肉馅卷好，固定紧实后划刀，入蒸锅蒸熟，取出。

4. 汤锅中加入适量高汤烧沸，下入白菜卷、青豆旺火煮沸，加盐调味，淋香油，出锅即可。

皮蛋煮苋菜

[原料]

苋菜500克，皮蛋2个，火腿丁50克

[调料]

蒜粒、鲜汤、猪油、盐各适量

[制作方法]

1. 苋菜择洗干净，沥干水分。皮蛋剥去外壳，切成小块，备用。

2. 锅入猪油烧热，下入蒜粒炒香，放入苋菜翻炒均匀，倒入鲜汤，再放入火腿丁、皮蛋块，加入盐调味，烧开后改用小火将苋菜煮烂，出锅盛入汤碗即可。

蛋蓉玉米羹

[原料]
罐装玉米100克，鸡蛋2个

[调料]
炼乳、淀粉、白糖各适量

[制作方法]

1. 锅入清水烧开，倒入罐装玉米和炼乳，加入白糖搅匀，熬煮2分钟，勾薄芡。

2. 鸡蛋磕入碗中，加入适量淀粉，打匀成蛋液，淋入锅中成蛋花，搅拌均匀，倒入汤碗中即可。

冰糖湘莲

[原料]
湘白莲200克，鲜菠萝100克，青豆、樱桃、桂圆肉各50克

[调料]
冰糖、盐各适量

[制作方法]

1. 莲子洗净去皮，放入锅中蒸熟，盛入汤碗中。

2. 桂圆肉洗净，浸泡10分钟。鲜菠萝去皮，切丁，入盐水中浸泡。

3. 锅中放入冰糖，加适量清水烧沸，待冰糖完全溶化，加青豆、樱桃、桂圆肉、菠萝丁，旺火煮沸，倒入盛入莲子的汤碗中即可。

青苹炖芦荟

原料

青苹果300克，芦荟150克

调料

枸杞、冰糖、白糖各适量

制作方法

1. 青苹果削皮，去核洗净，切成小块。
2. 芦荟去皮，洗净，切成条状，撒上白糖腌渍15分钟。
3. 锅入清水烧沸，倒入青苹果块、芦荟条、冰糖、枸杞，用小火加盖炖至酥软，出锅即可。

雪莲干百合炖蛋

原料

雪莲100克，干百合50克，鸡蛋2个

调料

香油、盐各适量

制作方法

1. 雪莲、干百合放入清水中浸泡1天，取出沥水。
2. 锅入清水，放入干百合、雪莲旺火炖至酥烂，捞出。
3. 鸡蛋磕入汤锅煮成荷包蛋，放入炖好的百合、雪莲，加入盐调味，淋香油，出锅即可。

蜜汁水果汤

[原料]

火龙果、菠萝各250克，草莓、猕猴桃各200克

[调料]

蜂蜜适量

[制作方法]

1. 火龙果、猕猴桃去皮洗净，切成块。

2. 菠萝去皮，切成块，放入淡盐水中浸泡10分钟。

3. 草莓洗净，纵切两半。

4. 锅入清水烧沸，放入火龙果块、草莓、菠萝块、猕猴桃块同煮5分钟，淋入蜂蜜，出锅即可。

玻璃酥肉

[原料]

猪肉400克，西红柿、黄瓜、肥肉膘各25克，面粉100克，蛋黄1个

[调料]

葱末、清汤、水淀粉、植物油、料酒、盐各适量

[制作方法]

1. 猪肉洗净，切成片，放在盘中摊平。西红柿、黄瓜分别洗净，切片。面粉、蛋黄搅成糊，涂在肉片上。

2. 锅入植物油烧热，逐片下入肉片炸黄，捞出控油，切成小块。

3. 锅入清汤、料酒、盐，下入西红柿片、黄瓜片，水淀粉勾芡，烧开后盛入汤盘，放酥肉块即可。

炖酥肉

[原料]

猪肉500克，鸡蛋3个，木耳20克

[调料]

葱段、姜末、花椒、高汤、淀粉、胡椒粉、酱油、盐各适量

[制作方法]

1. 鸡蛋打入碗中，加入淀粉搅匀成蛋糊。猪肉洗净，切块，用盐拌过，再放入蛋糊中裹匀。

2. 锅入菜油烧热，逐一放入裹蛋糊的肉块，反复炸至两遍，捞出。

3. 铝锅中放入高汤烧开，放入炸好的酥肉、葱段、姜末、花椒、胡椒、盐、酱油、木耳，汤开后移到小火上煮至肉烂即可。

应山滑肉

[原料]

猪肉500克，熟鹌鹑蛋2个，鸡蛋1个，火腿2根，黄花菜15克

[调料]

葱末、姜末、红枣、枸杞、清汤、淀粉、胡椒粉、料酒、植物油、盐各适量

[制作方法]

1. 猪肉洗净，切片，加盐、料酒、姜末略腌。鸡蛋打散，加水、淀粉拌匀，放入猪肉片拌匀裹浆。锅放油烧热，放猪肉炸黄色，捞出。火腿切块。

2. 锅入清汤烧开，加猪肉、红枣、枸杞、熟鹌鹑蛋煨20分钟，放火腿块、黄花菜，加盐、胡椒粉调味，烧开出锅，撒葱末即可。

豆芽肉饼汤

[原料]

五花肉200克，冬瓜尖50克，黄豆
芽100克，鸡蛋1个

[调料]

葱花、姜末、高汤、胡椒粉、干淀
粉、酱油、盐各适量

[制作方法]

1. 五花肉洗净，剁细，装入碗中，
   加入鸡蛋、干淀粉、盐、姜末、
   葱花、高汤，搅拌均匀成馅，做
   成肉饼。豆芽择洗净。

2. 冬瓜洗净，切成片。将冬瓜片、
   黄豆芽放入装有鲜汤的锅中，加
   盐、酱油、胡椒粉调味，连汤
   带菜翻入汤碗中，将肉饼放在菜
   上，上笼蒸熟即可。

翡翠肉圆汤

[原料]

五花肉150克，嫩蚕豆仁100克，莴
笋块、枸杞适量

[调料]

葱段、姜片、清汤、色拉油、料
酒、盐各适量

[制作方法]

1. 蚕豆仁洗净，放入沸水中烫，捞
   出，放入清水中浸凉。

2. 五花肉洗净，剁成肉馅，加入料
   酒、盐搅拌上劲。

3. 锅入色拉油烧热，放入葱段、姜
   片、枸杞、蚕豆仁、莴笋块煸
   炒，加入清汤、料酒烧沸，肉
   丸下入汤中煮5分钟，加入盐调
   味，起锅倒入汤碗中即可。

氽冬瓜丸子

[原料]

五花肉150克，冬瓜150克

[调料]

葱末、姜末、香菜段、水淀粉、植物油、香油、料酒、盐各适量

[制作方法]

1. 五花肉洗净，剁成蓉，用料酒、水淀粉、盐拌匀上浆，加入葱末、姜末、香油，继续搅上劲，制成丸子馅。冬瓜去皮洗净，切成薄片。

2. 锅入植物油烧热，放入葱末、姜末炝锅，烹入料酒，加入适量开水，烧开后放入冬瓜片，把肉馅挤成小丸子下锅氽熟，放入盐调味，撒上香菜段即可。

黄瓜肉片汤

[原料]

黄瓜、番茄、猪里脊各100克，山楂20克

[调料]

葱段、姜片、蒜片、素油各适量

[制作方法]

1. 黄瓜洗净，去皮，切片。番茄洗净，切薄片。山楂洗净，去核，切片。猪里脊洗净，切片。

2. 炒锅置武火上，加入素油烧至六成热，下入葱段、姜片、蒜片爆香，加入适量清水烧沸，放入黄瓜、山楂、番茄、猪里脊，煮25分钟即可。

黄瓜榨菜里脊汤

[原料]

猪里脊100克，黄瓜150克，榨菜30克

[调料]

盐、料酒、香油、清汤各适量

[制作方法]

1. 黄瓜、猪里脊分别洗净切片，将猪里脊片放入沸水锅内煮10分钟，捞出沥水，备用。

2. 锅内倒入清汤，放入猪里脊片、黄瓜片、榨菜，煮沸后调入盐、料酒，淋入适量香油即可。

清炖肘子

[原料]

猪肘子750克，油菜、水发香菇各50克

[调料]

葱段、姜片、八角、花椒、鲜汤、料酒、盐各适量

[制作方法]

1. 肘子刮洗干净，用水煮至断生后捞出，在里侧剞十字形花刀。油菜、水发香菇分别洗净，备用。

2. 锅中加入鲜汤、葱段、姜片、花椒、料酒、八角，将肘子皮朝下放入，用小火炖至肘子接近酥烂时，翻过来使其皮朝上，拣去葱段、姜片、八角、花椒，放入油菜心、水发香菇烧开即可。

白菜冬笋炖肘子

[原料]

白菜、冬笋各100克，肘子750克，枸杞5克

[调料]

葱末、姜末、香油、黄酒、盐各适量

[制作方法]

1. 肘子洗净，放入锅中焯水，捞出。白菜洗净，切块。冬笋去皮洗净，切段。

2. 锅中加入适量清水，放入肘子，待水烧开时，放入白菜块、冬笋段，用慢火炖至肉烂，加入葱末、姜末、黄酒、盐、枸杞，慢炖5分钟，淋上香油即可。

砂锅枸杞炖肘子

[原料]

肘子500克

[调料]

葱段、姜片、枸杞、冰糖、料酒、盐各适量

[制作方法]

1. 肘子洗净，放入锅中稍煮一下，捞出，切成块。

2. 将肘子块放入蒸锅中，加入料酒、葱段、姜片、盐蒸至熟烂。

3. 砂锅中加入水烧开，放入肘子块、枸杞炖煮，加入白糖、盐调味，炖至肘子块入味即可。

红枣炖肘子

[原料]

肘子700克，红枣200克，油菜心1个

[调料]

葱丝、姜丝、冰糖、花生油、酱油、料酒、盐各适量

[制作方法]

1. 肘子刮洗干净，放入开水锅中氽一下，除去血水。红枣洗净。

2. 锅入花生油烧热，放入冰糖烧化，用小火炒成深黄色白糖汁。

3. 砂锅中放入肘子，加入温水，旺火烧沸，撇去浮沫，加入白糖汁、白糖、红枣、葱丝、姜丝、盐、酱油、料酒，用小火慢煨2小时，待肘子煨至熟烂，放入小油菜心即可。

清炖排骨

[原料]

猪小排500克，白萝卜150克，枸杞10克

[调料]

葱段、姜片、花椒、胡椒粉、料酒、盐各适量

[制作方法]

1. 猪小排骨洗净，剁成小块，放入锅中。白萝卜洗净，切成长方片。

2. 锅入适量清水，放入猪小排烧开，撇尽血沫，再改用小火，加入葱段、姜片、盐、料酒、胡椒粉、枸杞、花椒，盖上锅盖，炖1.5小时，放入白萝卜片，再炖半小时，出锅即可。

黄豆排骨汤

[原料]

黄豆60克，猪小排400克，榨菜、大枣各20克

[调料]

姜片、盐各适量

[制作方法]

1. 黄豆洗净，放入炒锅中略炒，捞出。榨菜洗净，切片，用清水浸泡，洗去咸味。

2. 猪小排洗净，斩成段，放入开水中氽透，捞起。

3. 瓦煲内加入适量清水烧开，放入猪小排段、黄豆、姜片、大枣、榨菜片，待汤烧开，改用中火煲至黄豆、排骨段熟烂，加入盐调味，出锅即可。

西施排骨煲

[原料]

猪小排300克，山药100克，油菜80克

[调料]

蜜枣、高汤、料酒、盐各适量

[制作方法]

1. 猪小排洗净，剁成小块，氽透。山药洗净，切成小块。油菜洗净，取菜心。

2. 砂锅置火上，放入高汤、料酒、猪小排块、山药块、蜜枣、油菜心，烧开后撇去浮沫，改用小火炖3小时至排骨块酥烂，加入盐调味，出锅装入碗中即可。

花仁蹄花汤

[原料]
猪蹄1000克，花生米200克

[调料]
葱花、姜片、胡椒粉、盐各适量

[制作方法]

1. 猪蹄洗净，对剖开，剁成方块。花生米用冷水浸泡，去皮。

2. 砂锅置旺火上，加入适量清水，下入猪蹄烧沸，撇净浮沫，放入花生米、姜片、葱花，待猪蹄半熟时，将锅移至小火上，加入盐继续煨炖，待猪蹄炖烂后起锅，盛入汤碗中，撒上胡椒粉即可。

淡菜煲猪蹄

[原料]
净猪蹄750克，干淡菜50克，大豆10克

[调料]
姜块、味极鲜、植物油、盐各适量

[制作方法]

1. 猪蹄洗净，剁成块，放入沸水中汆水。淡菜泡发，洗净。

2. 猪蹄块、淡菜、大豆、姜块放入煲中，加入清水，盖上盖，用旺火烧沸，再用小火慢慢煨烧至熟透。将猪蹄、淡菜捞出，装入汤碗中，拣出姜块。

3. 煲中原汤加植物油、味极鲜烧开，撇去浮沫、浮油，加入盐调味，浇入猪蹄汤碗中即可。

豆芽油菜腰片汤

[原料]

猪腰200克，黄豆芽、油菜各50克

[调料]

葱片、姜片、高汤、胡椒粉、食用
油、香油、料酒、盐各适量

[制作方法]

1. 猪腰洗净，除去腰臊切片，汆水
   控干水分。

2. 黄豆芽洗净，焯水。油菜洗净，
   取菜心。

3. 锅入油烧热，放入葱片、姜片、
   料酒爆锅，放入黄豆芽、油菜炒
   一下，加入高汤、盐、胡椒粉调
   味，开锅后放入腰片煮2分钟，
   淋香油，出锅即可。

党琥猪心煲

[原料]

猪心500克，党参、琥珀粉、枸
杞、水发黑木耳各10克

[调料]

清汤、料酒、盐各适量

[制作方法]

1. 猪心洗净，切成两半，放入沸水
   汆透，切成小块。

2. 黑木耳洗净，撕成片。枸杞洗
   净。

3. 砂锅内放入清汤、料酒、猪心烧
   开，撇去浮沫，放入黑木耳、
   党参、琥珀粉，用小火炖约2小
   时，加入枸杞略烧，用盐调味，
   出锅装盘即可。

红枣猪心煲

[原料]

熟猪心250克，去核红枣100克，枸杞适量

[调料]

葱段、姜块、高汤、料酒、盐各适量

[制作方法]

1. 熟猪心洗净，切片。红枣洗净，去核。

2. 砂锅置旺火上，放入熟猪心片、红枣、枸杞、高汤，加入料酒、姜块、葱段，煮沸后撇去浮沫，加盖炖20分钟至熟烂，加入盐调味，出锅装入碗中即可。

琥珀猪心煲

[原料]

猪心300克，山药100克，红枣20克，党参5克

[调料]

琥珀粉、清汤、料酒、盐各适量

[制作方法]

1. 猪心洗净，切成两半，放入沸水锅中烫透，切成小块。山药去皮洗净，切片。

2. 砂锅置旺火上，放入清汤、料酒、猪心块，烧开后撇去浮沫，放入山药片、琥珀粉、党参、红枣，用小火炖至猪心块熟烂，加入盐调味，装碗即可。

口蘑猪心煲

[原料]

猪心200克，口蘑150克，水发黑木耳50克

[调料]

清汤、酱油、料酒、盐各适量

[制作方法]

1. 口蘑洗净，去柄。猪心洗净，切成两半，放入沸水中氽透，切成小块。黑木耳洗净，撕成片。

2. 砂锅中放入清汤、料酒、猪心块，烧开后撇去浮沫，待炖至八成熟时，加入酱油、盐、口蘑、黑木耳片，炖至口蘑、黑木耳片成熟时，装入碗中即可。

龙实猪心煲

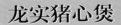

[原料]

猪心300克，龙眼肉15克，芡实50克，山药片60克

[调料]

清汤、料酒、盐各适量

[制作方法]

1. 龙眼肉、芡实洗净。猪心洗净，一切两半，放入沸水氽透，切成小片。

2. 砂锅中放入清汤、料酒、猪心、山药片烧开，撇去浮沫，加入芡实、龙眼肉，炖至猪心熟透，加入盐调味，出锅装盘即可。

毛血旺

[原料]

熟肥肠、鸭血、火腿肠、黄豆芽、毛肚、干红辣椒、花椒各适量

[调料]

葱花、姜片、蒜片、豆瓣酱、骨头汤、植物油、醋、料酒、盐各适量

[制作方法]

1. 鸭血、黄豆芽、熟肥肠、毛肚洗净，鸭血、熟肥肠、火腿切片，毛肚切丝。干红辣椒、豆瓣酱、姜片、蒜片入油锅煸香，捞出渣子，倒骨头汤，制成红汤。

2. 鸭血、黄豆芽、毛肚汆水，连同火腿肠、熟肥肠放入红汤内，加盐、料酒、醋调味，撒葱花、干辣椒、花椒即可。

炖吊子

[原料]

熟肥肠350克，冬笋75克，粉丝30克

[调料]

葱花、姜片、蒜片、蚝油、胡椒粉、植物油、酱油、料酒、盐各适量

[制作方法]

1. 肥肠洗净，切片。冬笋洗净，切片。粉丝用温水泡软。

2. 肥肠、冬笋放入开水锅中，煮透，捞出控水。

3. 锅入油烧热，放入葱片、姜片、蒜片、蚝油煸炒出香味，烹入料酒、酱油，加入开水，随后放入肥肠、冬笋、粉丝、盐、胡椒粉，烧开稍煮，撒上葱花即可。

砂锅炖吊子

[原料]

熟猪肝、猪肚、猪肺、猪心、肥肠各100克，油豆腐、玉兰片、口蘑、水海米、熟大油各适量

[调料]

葱花、葱段、姜块、蒜瓣、香菜段、奶汤、酱油、料酒、盐各适量

[制作方法]

1. 熟猪肝、猪心、猪肺洗净，切片。肥肠洗净，切段。玉兰片、口蘑洗净，切片。将所有原料放入砂锅中。

2. 葱段、蒜瓣、姜块放入油锅中煸香，放入油豆腐、海米、盐、奶汤、酱油、料酒烧开，倒入砂锅中炖30分钟，葱段、姜块拣出，撒葱花、香菜段即可。

豌豆肥肠汤

[原料]

猪肥肠1000克，干豌豆250克

[调料]

葱末、姜末、花椒、胡椒粉、明矾、醋、盐各适量

[制作方法]

1. 猪大肠洗净，放入沸水锅中煮15分钟，捞出。

2. 干豌豆用温热水泡12小时，泡涨后洗净。

3. 煮过的肥肠切成数段，下入开水锅中，加入葱末、姜末、花椒、盐、胡椒粉用旺火烧开，改用小火炖至七成烂，捞出肥肠，切成长节，再同豌豆一同下锅，继续炖至肥肠熟烂，加醋调味即可。

潮汕煮猪肚

[原料]

熟猪肚200克，酸咸菜100克，青菜椒、红菜椒各50克

[调料]

蒜瓣、高汤、白胡椒粉、盐各适量

[制作方法]

1. 熟猪肚切成片。酸咸菜洗净，切成片。青红菜椒洗净，去籽，切成块。蒜瓣放入热油锅中炸至呈成金黄色，捞出。

2. 锅中加入高汤烧开，放入猪肚片、酸咸菜片、蒜瓣、青椒块、红椒块烧开后煮3分钟，用盐、白胡椒粉调味，出锅即可。

肚条豆芽汤

[原料]

猪肚1000克，黄豆芽150克

[调料]

葱、姜、胡椒粉、料酒、盐各适量

[制作方法]

1. 猪肚洗净，放入开水锅内汆熟，捞出控去水分。

2. 汆好的猪肚切成条，放入砂锅内，加清水煮开，撇去浮沫，放入葱、姜、料酒移至小火上炖约1小时，放入择洗好的黄豆芽同炖至肚条软烂，加盐、胡椒粉调好口味，取出葱、姜，盛入汤碗内即可。

芸豆炖肚条

[原料]

猪肚500克，芸豆100克

[调料]

姜片、胡椒粉、鲜汤、猪油、白糖、盐各适量

[制作方法]

1. 猪肚洗净，入沸水中氽过，放入高压锅中煮至半熟，捞出切成条状。芸豆洗净。

2. 锅入猪油烧热，下姜片略煸，倒鲜汤，放肚条、芸豆，旺火烧开后改小火将肚条炖烂，放盐、白糖，装碗，撒胡椒粉即可。

长沙一罐香

[原料]

猪肚300克，乌鸡200克，猪蹄1只，干党参、北芪、当归、红枣、圆肉、枸杞各适量

[调料]

葱片、姜片、料酒、盐各适量

[制作方法]

1. 猪肚、乌鸡、猪蹄洗净，氽水冲去血污。

2. 将原料装入砂煲，加葱姜片、料酒、干党参、北芪、当归、红枣、圆肉、枸杞，小火煲2小时至肉糯汤香时加盐调味即可。

鸡骨草猪肚汤

[原料]

猪肚250克，鸡骨草100克，枸杞5克

[调料]

高汤、盐各适量

[制作方法]

1. 猪肚洗净，切条。鸡骨草、枸杞洗净，备用。

2. 净锅置火上烧热，倒入高汤，调入盐调味，下入猪肚条、鸡骨草、枸杞，煲至猪肚条成熟，出锅装入碗中即可。

红汤牛肉

[原料]

牛肉300克，胡萝卜、土豆块、洋葱、圆白菜各50克

[调料]

姜片、香菜、香叶、番茄酱、胡椒粉、黄油、料酒、盐各适量

[制作方法]

1. 牛肉、胡萝卜、土豆、洋葱、圆白菜分别洗净，切块。土豆、胡萝卜、圆白菜、牛肉块，入沸水锅中稍煮。

2. 炒锅入黄油化开，入洋葱块稍炒，加土豆块、胡萝卜块、圆白菜块翻炒，加胡椒粉、料酒、姜片、盐、香叶、番茄酱、牛肉块烧开，倒入高压锅中炖30分钟，出锅撒香菜即可。

理气牛肉汤

[原料]

牛肉300克

[调料]

香菜段、枸杞、小茴香、胡椒粉、盐各适量

[制作方法]

1. 牛肉洗净，切块。

2. 锅置旺火上，倒入清水烧热，调入盐、胡椒粉、小茴香、枸杞烧开，下入牛肉块炖至熟烂，撒入香菜段，出锅装碗即可。

红酒炖牛腩

[原料]

牛腩400克，西芹100克，胡萝卜20克

[调料]

姜片、色拉油、红酒、盐各适量

[制作方法]

1. 牛腩洗净，切块，放入沸水中汆水，捞出。西芹、胡萝卜分别洗净，切菱形块。

2. 锅入色拉油烧热，放入姜片、牛腩块略炒，加入适量水，用旺火烧开，改用小火炖至牛肉块熟烂，放入红酒、西芹块、胡萝卜块，加入盐调味，稍炖，待胡萝卜熟透时，出锅即可。

土豆炖牛肉

[原料]

牛腩500克，土豆250克

[调料]

葱段、姜片、花椒、八角、清汤、植物油、料酒、盐各适量

[制作方法]

1. 牛腩肉洗净，切成块，入沸水烫一下，捞出。

2. 土豆去皮洗净，切成小块，用清水浸泡10分钟。

3. 锅入油烧热，放入牛肉块炒去表面的水分，加入清汤、料酒、姜片、葱段、花椒、八角、盐，用旺火烧开，撇去浮沫，转用小火烧至八成烂，放入土豆块，烧至土豆酥烂时，盛入汤碗中即可。

油豆腐粉丝牛腩汤

[原料]

牛腩500克，油豆腐150克，粉丝1把

[调料]

葱末、姜末、花椒、香叶、香菜末、蒜苗末、胡椒粉、盐各适量

[制作方法]

1. 牛腩肉洗净，放入沸水锅中汆烫去血水，取出，晾凉，切块备用。油豆腐切开。粉丝泡软。

2. 将汆烫过的牛腩肉块、姜末、葱末、花椒、香叶放入清水锅中，炖煮约1小时至入味。

3. 另起锅放入牛腩肉块、牛腩肉原汤，加入油豆腐、粉丝煮开，加盐、胡椒粉调味，撒香菜末、蒜苗末即可。

红烧牛尾

[原料]

牛尾300克，冻豆腐、白菜、粉条各100克

[调料]

葱片、姜片、蚝油、肉汤、植物油、酱油、盐各适量

[制作方法]

1. 牛尾洗净，切成段，氽水。冻豆腐洗净，切块。白菜洗净，切块。粉条泡软，截成段。

2. 锅入油烧热，放入葱片、姜片爆香，放入牛尾段煸炒，加入肉汤、酱油、蚝油、冻豆腐、白菜块、粉条烧开，小火炖至白菜块熟烂，加入盐调味，出锅即可。

番茄牛尾汤

[原料]

牛尾、番茄各300克，洋葱块100克

[调料]

葱花、蒜片、牛骨汤、炒面、胡椒粉、盐各适量

[制作方法]

1. 牛尾洗净，剁成块，放入沸水中氽水。番茄去皮洗净，切块。

2. 牛尾、葱段放入炖煲中，加入牛骨汤炖熟，拣去葱段，加入番茄、洋葱片、蒜片炖至牛尾酥烂，撒上炒面，加入盐、胡椒粉调味，撒上葱花即可。

香草牛尾汤

[原料]
牛尾500克，胡萝卜丁、洋葱丁各50克

[调料]
葱末、片糖、香茅草、番茄酱、XO酱、植物油、料酒各适量

[制作方法]
1. 牛尾洗净，剁成段，入沸水中氽水，捞出。
2. 锅入植物油烧热，下入胡萝卜丁、洋葱丁翻炒，加入料酒、香茅草、番茄酱、XO酱、片糖调味，放入牛尾段再煲1.5小时，出锅装盘，撒上葱末即可。

萝卜羊肉汤

[原料]
羊肉300克，萝卜200克

[调料]
姜片、香菜段、胡椒粉、香油、醋、盐各适量

[制作方法]
1. 羊肉洗净，切成2厘米见方的小块，放入清水锅中煮熟，捞出，沥干水分。
2. 萝卜洗净，切成小块。香菜洗净，切成段。
3. 将羊肉块、姜片、盐放入锅中，加入适量水，用旺火烧开，改用小火煮10分钟，放入萝卜块煮熟，再加入香菜段，加入胡椒粉、醋搅匀，淋入香油即可。

羊肉粉皮汤

[原料]

羊肉250克,水发粉皮150克

[调料]

葱段、姜块、枸杞、料酒、盐各适量

[制作方法]

1. 羊肉洗净,剁成小段,放入沸水中汆水,捞出。

2. 粉皮切成块,放入温水中泡软。

3. 砂锅中加入适量清水,放入羊肉块,加入料酒、姜块、枸杞、葱段,煮沸后撇去浮沫,盖上盖子炖1.5小时,待羊肉段熟烂后,加入粉皮炖10分钟,加入盐调味,出锅即可。

鱼羊鲜

[原料]

带骨鳜鱼肉600克,带皮羊肉500克

[调料]

葱丝、葱丝、香菜段、姜片、胡椒粉、色拉油、酱油、料酒、白糖、盐各适量

[制作方法]

1. 鳜鱼、羊肉处理干净,分别切成块。

2. 锅入色拉油烧热,放入葱丝、姜片煸香,下入鳜鱼块煎至变色,放入羊肉块、酱油、盐、料酒、清水,炖至羊肉块熟烂,加入白糖调味,用旺火收浓汁,撒上胡椒粉,装入盘中,撒上葱丝、香菜段即可。

当归山药炖羊肉

[原料]

羊肉600克，当归、山药各150克

[调料]

姜片、枸杞、胡椒粉、盐各适量

[制作方法]

1. 羊肉洗净，切成块，放入沸水中余水，捞出。

2. 山药去皮洗净，切块。

3. 将羊肉块、当归、枸杞、姜片放入炖锅中，小火炖30分钟，再放入山药块，炖至山药块熟透，加入盐、胡椒粉调味，稍煨即可。

冬瓜烩羊肉丸

[原料]

羊腿肉300克，冬瓜350克，鸡蛋1个

[调料]

葱段、姜末、香菜段、胡椒粉、色拉油、盐各适量

[制作方法]

1. 冬瓜去皮洗净，切块。羊肉洗净，剁成蓉，加姜末、盐、鸡蛋、胡椒粉拌匀，挤成小丸子。

2. 锅入油烧热，下入羊肉丸子炸熟，捞出沥油。

3. 锅倒入清水烧沸，加盐、葱段、冬瓜块煮沸，放入羊肉丸子，撇去浮沫，转小火煮至熟烂，出锅盛入碗中，撒上香菜段即可。

海马羊肉煲

[原料]
净羊肉500克，海马50克，红枣20克

[调料]
姜片、羊肉汤、料酒、盐各适量

[制作方法]
1. 羊肉洗净，切成1.5厘米见方的块，放入沸水锅中汆透，捞出洗净。海马、红枣分别洗净。
2. 砂锅中放入羊肉汤、姜片、羊肉块、海马、红枣，调入料酒，旺火烧开，撇去浮沫，改用小火煲约3小时，加入盐调味，出锅即可。

羊肉炖萝卜

[原料]
羊肉500克，白萝卜300克，香菜10克

[调料]
姜片、胡椒、醋、盐各适量

[制作方法]
1. 羊肉洗净，切成2厘米见方的块。
2. 白萝卜洗净，切成块。
3. 香菜洗净，切段。
4. 将羊肉块、姜片、盐放入锅中，加入适量清水，旺火烧开，改小火煎熬1小时，再放入萝卜块煮熟，加入香菜段、胡椒、醋调匀，出锅即可。

龟羊汤

[原料]

羊肉500克，龟肉400克

[调料]

葱结、姜片、党参、枸杞、附片、当归、胡椒粉、熟猪油、料酒、盐各适量

[制作方法]

1. 龟肉洗净，氽水。羊肉浸泡在冷水中洗净。龟肉、羊肉随冷水下锅煮开，切块。

2. 锅入熟猪油烧热，下入龟肉、羊肉块煸炒，烹入料酒，收干水分。取大砂罐，放入龟肉、羊肉块，入党参、附片、当归、葱结、盐、姜片，加入清水盖好，炖至九成熟，放入枸杞炖10分钟，离火，放胡椒粉调匀即可。

五元羊肉汤

[原料]

羊肉500克，荔枝、桂圆、红枣、莲子、枸杞各15克

[调料]

葱片、姜片、蒜片、桂皮、蜂蜜、清汤、胡椒粉、大曲酒、料酒、盐各适量

[制作方法]

1. 红枣洗净。荔枝、桂圆去壳洗净。

2. 羊肉洗净，煮熟，捞出，入砂锅中，加葱片、姜片、大曲酒、桂皮、水烧至八成烂，取出，切块，入油锅中煸香，烹料酒，装入砂锅中，放荔枝、桂圆、红枣、莲子、枸杞、蒜片、蜂蜜、胡椒粉、盐、清汤、原汤炖至酥烂即可。

枸杞炖兔肉

[原料]

兔肉300克，枸杞20克

[调料]

姜块、盐各适量

[制作方法]

1. 兔肉洗净，切成小块。
2. 兔肉、枸杞、姜块同入砂锅中，加入适量水，用旺火烧沸，转小火慢炖，待兔肉熟烂后，加入盐调味，出锅即可。

红枣炖兔肉

[原料]

兔肉250克，红枣15枚，笋片50克

[调料]

盐适量

[制作方法]

1. 兔肉洗净，切块，放入沸水锅中汆水，捞出，洗净血污，控干水分。
2. 红枣洗净，用温水泡一下。
3. 将兔肉、笋片、红枣放入砂锅中，加入适量水炖熟，加入盐调味，出锅即可。